# 电力通信技术与运维实例分析

陶 煜 主编

科学出版社

北 京

# 内 容 简 介

本书将电力通信运维检修技术理论与实际案例相结合,从电力通信系统运维单位的责任范围与电力通信系统的重要组成部分角度对通信的理论进行介绍。同时,以 500kV 变电站的通信电源整改倒换工程为案例,介绍电源设备检修流程;以 220kV 变电站 OSN3500 备用交叉板故障缺陷处理工作为案例,介绍光传输设备检修流程;以 220kV 线路 OPGW 光缆割接工作为案例,介绍光缆检修流程。本书条理清晰,理论指引、实用支撑环环相扣,从实际工作角度出发,易于读者理解和吸收,实用性强。

本书可作为从事电力通信、电力系统自动化等领域的工程技术人员参考用书。

**图书在版编目(CIP)数据**

电力通信技术与运维实例分析 / 陶煜主编. —北京:科学出版社,2021.6

ISBN 978-7-03-069035-7

Ⅰ. ①电… Ⅱ. ①陶… Ⅲ. ①电力通信系统-维修 Ⅳ. ①TN915.853

中国版本图书馆CIP数据核字(2021)第108308号

责任编辑:耿建业 / 责任校对:彭珍珍
责任印制:吴兆东 / 封面设计:蓝正设计

科 学 出 版 社 出版
北京东黄城根北街 16 号
邮政编码:100717
http://www.sciencep.com

**北京捷迅佳彩印刷有限公司** 印刷
科学出版社发行 各地新华书店经销
*
2021 年 6 月第 一 版 开本:720×1000 1/16
2021 年 6 月第一次印刷 印张:16
字数:360 000

**定价:98.00 元**
(如有印装质量问题,我社负责调换)

# 本书编委会

主　编：陶　煜

副主编：刘　刚　孟凡博　王　刚　宋进良

编写组成员（排名不分先后）：

| | | | | | |
|---|---|---|---|---|---|
| 高　凯 | 郭永贵 | 申　扬 | 陈晓东 | 葛延峰 | 刘劲松 |
| 刘忠海 | 乔　林 | 吕旭明 | 卢　斌 | 李　欢 | 金福国 |
| 梁志琴 | 王东东 | 温　鑫 | 梅　迪 | 郭　永 | 于海洋 |
| 艾芳馨 | 王　勇 | 林永军 | 王　鹏 | 苑经纬 | 白汝欣 |
| 赵景宏 | 于亮亮 | 陈　硕 | 夏　菲 | 马伟哲 | 孙宝华 |
| 宁　亮 | 赵德伟 | 马　宇 | 王博龙 | 李瑞雪 | 佟昊松 |
| 隋　锦 | 朱亚楠 | 郑晓坤 | 阮　良 | 赵梦晴 | 刘　扬 |
| 陈得丰 | 杨智斌 | 耿洪碧 | 任　帅 | 李　桐 | 陈　剑 |
| 孙赫阳 | 孙　茜 | 孙伟华 | 霍英哲 | 王　群 | 王　琛 |
| 殷培红 | 赵玲玲 | 刘　冬 | 李菁菁 | 李　曦 | 姜力行 |
| 安　鑫 | 张　彬 | 张东芳 | 齐　霁 | 程　硕 | 贾涵中 |
| 吴昕昀 | 张　磊 | 齐　俊 | 王　准 | 郭琳琅 | 李龙蛟 |
| 李　岩 | 许存德 | 李　楠 | 何立帅 | 佟涌泉 | 何殿宽 |
| 王天智 | 李　然 | 符太懿 | 郭运峰 | 裴俊亦 | 张葆刚 |
| 赵　云 | 李振威 | 易　丹 | 张艳萍 | 焦　振 | 于　杨 |
| 李金华 | 关　松 | 宋曼瑞 | 周　滨 | 夏怀奇 | 王　兴 |
| 吕　峥 | 于长浩 | 董宏宇 | 庞　然 | 谭煦滢 | 关大庆 |
| 王　洁 | 刘东浩 | 袁彤哲 | 丁　浩 | 邢　程 | |

# 前　言

近年来，电力通信系统的设备数量不断增长，工程一线急需具有一定理论基础和实际技能的技术人员对其开展运维检修。为了适应专业发展和人才培养需求，我们编写了本书。

电力通信技术是一种适用于电力系统的专网通信技术，在技术适用场景和需求特性方面区别于公网通信，更加看重通信技术的适配性、安全性、可靠性。电力通信网作为和电网共存的第二张实体网络，经历了从电力线载波、微波到现在的大容量光通信，从单一电话业务到保护安控、用电信息采集等多业务承载，全面满足发电、输电、变电、配电、用电及调度等通信接入需求。

编者在通信网建设与运行维护工作中，积累了大量的实际工作经验。本书以编者的岗位工作内容为基础，重点阐述了电力通信技术与运维实例分析内容。第 1 章阐述了电力通信运维管理的定义及主要工作内容，并对电力通信系统进行了简单介绍；第 2 章介绍了各种电力通信设备的技术原理及功能，重点介绍了 SDH 光传输设备、综合数据网设备、通信电源设备的技术原理及功能；第 3 章介绍了电力通信系统网络管理系统，重点介绍了综合网络管理系统以及光传输网络管理系统、综合数据网网络管理系统、SG-TMS 通信管理系统、动力环境监控系统等专业网络管理系统；第 4 章介绍了通信系统运行维护的标准，包括通信机房、光传输设备、综合数据网设备、电视会议系统、电力特种光缆、行政及调度交换设备、通信电源设备、通信系统网络管理系统等的维护周期、巡检内容；第 5 章介绍了电力通信实操的基础知识，重点介绍了常用仪器仪表操作基础、通信线缆制作与布线、光缆熔接与成端、网络设备配置与调试、传输设备配置与调试；第 6 章介绍了常见检修实例；附录部分是电力通信系统运维检修有关的规程规定。

本书在内容选取上，将枯燥的通信技术与运维检修实例相结合，是一本集理论和实际应用于一体的书籍，易于读者理解和吸收，不枯燥，不深奥，希望得到大家的关注与认可。

编者希望读者能够通过阅读本书，了解电力通信网，掌握通信运维技能，学会常用的电力通信仪器仪表使用方法，明确常见的检修工作流程和内容，并将阅读所得应用在实际工作中，为电力通信网的建设发展提供强大的技术技能支撑。

　　由于作者水平有限，书中难免存在疏漏之处，请读者提出宝贵意见。

陶　煜

2021 年 3 月

# 目　　录

# 1 绪 论

## 1.1 运维管理定义及内容

在电力企业中,电力通信运维管理(以下简称运维管理)是指运维单位按照各级信息通信职能管理部门(或受托运维单位)对通信网运行维护责任区段划分,充分利用属地运维单位响应链短、熟悉属地范围内通信系统和地理环境的优势,承担通信设备/设施运维的工作。

运维管理涵盖总部通信系统、分部通信系统、省级通信系统中在运的通信站点、设备、光缆、电缆及相关配套设施。其中总部通信系统和分部通信系统统称为总(分)部通信系统。

运维管理工作内容主要包括日常巡视、检修计划和运行方式执行、隐患排查、故障(缺陷)处置、资料管理、备品备件保管维护、技改大修需求提报及实施等。运维管理工作由本级通信职能管理部门归口管理,属地化运维工作组织单位负责具体组织开展本级通信系统属地化运维工作。属地化运维工作承担单位负责协调、落实所承担属地化通信系统的运维工作。属地化运维工作实施单位负责具体实施所承担属地化通信系统的运维工作。运维管理执行"运维属地化、考评同质化"的原则。

运维管理是指电力企业内部的专用通信网络运维管理,是区别于移动、电信、联通等运营商的通信运维管理,以公司目前通信运维管理内容作为主体,主要包括调度运行、运维检修等方面。

## 1.2 电力通信系统

为了让电力系统的运行更加稳定和更加安全,才产生了电力通信。电力通信、调度自动化系统、继电保护以及安全稳定的控制系统共同维持电力系统的稳定运行。到目前为止,电力通信是构成电力系统的重要组成部分,它给网络市场的运营管理、电网调管的自动化打下了坚实的基础,另外它还支撑着电网安全稳定的运行。因为电力通信网对信息传递的速度和精准度,以及通信的安全性有着非常高的要求,而且在发展通信方面,电力部门在资源方面有着特殊的优势,所以,很多国家在建立电力系统专用通信网时,都是以电力公司自建的方式进行的。

我国电力通信网的建设已经有了几十年的历史,目前已经建立了一个以北京为中心辐射全国 30 个省、自治区、直辖市的通信网,运用到的主要手段有卫星、光缆、微波等。我国电力通信的发展模式，呈现出一种从无到有、从小到大的状态，并且技术也越来越先进，通信手段从最开始的电力线载波和通信电缆，发展到如今的数字微波、卫星等各种手段同时进行，覆盖范围也逐渐到了全国干线通信网，以及全国的电话网、移动电话网和数字数据网，我国电力通信发展的成就随处可见。

在当今社会中，通信行业的作用越来越重要，最开始的调度实时控制信息传输、程控语音联网等技术已经不能响应现在的需求，地理信息、人力资源管理、办公自动化以及营销等各种系统逐渐产生。电力通信可以很好地协调和联合电力系统的发电、送电、配电以及用电等工作，并且还能维持电网的安全运行，保证其更好地发挥作用。另外，电力通信还能满足电力生产和调度、防汛、继电保护、计算机通信、水库和电网的调度自动化等各种通信的需求。到目前为止，电力通信本身所具有的经济效益虽然还没有明显的体现，但是在电力生产和管理的整体过程中，其蕴含的经济效益是无法想象的。与此同时，电力通信在发展的过程中形成了其特有的优势，在社会上也受到了广泛的关注。

电力行业生产办公场所点多面广，系统网架不断建设优化，持续增长的新业务需求，业务复杂程度与可靠性要求极高，这些都促进了电力通信专网的发展，如今的电力通信专网具有通信距离长、业务颗粒小、安全可靠性高、实时性强、电磁兼容性高的特性，极大地满足了电力行业特殊的通信需求，保障了电力专业化生产高效地进行。

电力通信系统专网主要由支撑网、传输网、业务网、接入网组成。专网的高效运转离不开网管、同步时钟等的运行支撑系统，承载的业务有保护安控、会议电视、视频监控等业务，骨干网以 SDH、OTN 光传输设备、通信光缆为主。随着智能电网的建设步伐不断加快，为了使得电动汽车充电桩等新兴业务更加高效方便的接入，在接入网，更多的通信技术得到应用，比如，电力线载波技术、无线公网或专网技术，如图 1-1 所示。

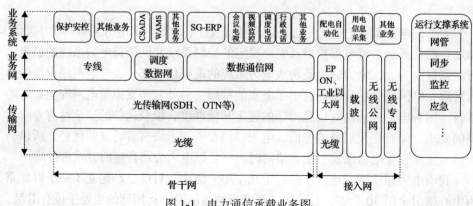

图 1-1　电力通信承载业务图

电力通信安全稳定运行离不开专业机构的管理。东北地区电力通信管理职能最早是在 1949 年燃料工业部的东北电管局通信科，再到 1977 年水利电力部的通讯调度处、1980 年电力工业部的通讯局，伴随着历史条件的不断改革发展，直至到现在的国家电网有限公司国家电力调度控制中心，见表 1-1。

表 1-1 电力通信管理职能机构

| 序号 | 隶属单位部门 | 职能处室 | 时间节点 |
|---|---|---|---|
| 1 | 燃料工业部 | 东北电管局通信科 | 1949 年 |
| 2 | 水利电力部 | 通讯调度处 | 1977 年 |
| 3 | 电力工业部 | 通讯局 | 1980 年 |
| 4 | 水利电力部 | 电力调度通讯局 | 1985 年 |
| 5 | 能源部 | 国家电力调度通信中心 | 1990 年 |
| 6 | 国家电力公司 | 国家电力调度通信中心 | 1997 年 |
| 7 | 国家电网公司 | 国家电力调度通信中心 | 2002 年 |
| 8 | 国家电网公司 | 信息通信部 | 2011 年 |
| 9 | 国家电网有限公司 | 国家电力调度控制中心 | 2019 年 |

电力通信经过七十年的发展历程，如今已形成了一个主要依托于电网立体的多层级通信网络。回首整个中国电力通信发展历史，从无到有，从小到大，经历了几代通信人的艰苦奋斗，凝结了通信先驱者的智慧结晶，从较为单一、点对点的通信手段，发展到现今覆盖全网、技术先进、业务多样、管理完善的综合性电力专用通信网络，有力的支持了电力系统发、输、变、配、用、调等组成部分联合高效运转以及公司经营管理的信息化建设。

# 2 电力通信设备技术原理及功能

## 2.1 光传输设备

### 2.1.1 SDH 设备基本原理

SDH 光传输设备，是一种将复接、线路传输及交换功能融为一体，并由统一网管系统操作的综合信息传送网络。SDH 光传输设备可实现网络有效管理、实时业务监控、动态网络维护、不同厂商设备间的互通等多项功能，能大大提高网络资源利用率、降低管理及维护费用、实现灵活可靠和高效的网络运行与维护。

SDH 用的信息结构等级称为同步传送模块 STM-$N$(synchronous transport mode, $N$ =1, 4, 16, 64)，最基本的模块为 STM-1，四个 STM-1 同步复用构成 STM-4，16 个 STM-1 或四个 STM-4 同步复用构成 STM-16，四个 STM-16 同步复用构成 STM-64，甚至四个 STM-64 同步复用构成 STM-256；SDH 采用块状的帧结构来承载信息，每帧由纵向 9 行和横向 270×$N$ 列字节组成，每个字节含 8bit，整个帧结构分成段开销(section overhead, SOH)区、STM-$N$ 净负荷区和管理单元指针(AU-PTR)区三个区域，其中段开销区主要用于网络的运行、管理、维护及指配以保证信息能够正常灵活地传送，它又分为再生段开销(regenerator section overhead, RSOH)和复用段开销(multiplex section overhead, MSOH)；净负荷区用于存放真正用于信息业务的比特和少量的用于通道维护管理的通道开销字节；管理单元指针用来指示净负荷区内的信息首字节在 STM-$N$ 帧内的准确位置以便接收时能正确分离净负荷。SDH 的帧传输时按由左到右、由上到下的顺序排成串型码流依次传输，每帧传输时间为 125μs，每秒传输 1/125×1000000 帧，对 STM-1 而言每帧比特数为 8bit×(9×270×1)=19440bit，则 STM-1 的传输速率为 19440×8000=155.520Mbit/s；而 STM-4 的传输速率为 4×155.520Mbit/s=622.080Mbit/s；STM-16 的传输速率为 16×155.520(或 4×622.080)=2488.320Mbit/s。

SDH 传输业务信号时各种业务信号要进入 SDH 的帧都要经过映射、定位和复用三个步骤如下：

(1)映射是将各种速率的信号先经过码速调整装入相应的标准容器(C)，再加入通道开销(POH)形成虚容器(VC)的过程，帧相位发生偏差称为帧偏移。

(2)定位即是将帧偏移信息收进支路单元(TU)或管理单元(AU)的过程，它通过支路单元指针(TU-PTR)或管理单元指针(AU-PTR)的功能来实现。

(3)复用的概念比较简单,复用是一种使多个低阶通道层的信号适配进高阶通道层,或把多个高阶通道层信号适配进复用层的过程。复用也就是通过字节交错间插方式把 TU 组织进高阶 VC 或把 AU 组织进 STM-N 的过程,由于经过 TU 和 AU 指针处理后的各 VC 支路信号已相位同步,因此该复用过程是同步复用原理与数据的串并变换相类似。

#### 2.1.1.1 SDH 设备的基本组成

**1. SDH 网络的常见网元**

在 SDH 网络中经常提到的一个概念是网元,网元就是网络单元,一般把能独立完成一种或几种功能的设备都称之为网元。一个设备就可称为一个网元,但也有多个设备组成一个网元的情况。SDH 网的基本网元有终端复用器(TM)、分/插复用器(ADM)、再生中继器(REG)和数字交叉连接设备(DXC)。通过这些不同的网元完成 SDH 网络功能:上/下业务、交叉连接业务、网络故障自愈等,下面讲述这些网元的特点和基本功能。

**1)终端复用器(TM)**

终端复用器用在网络的终端站点上,例如一条链的两个端点上,它是一个双端口器件,如图 2-1 所示。它的作用是将支路端口的低速信号复用到线路端口的高速信号 STM-N 中,或从 STM-N 的信号分出低速支路信号。请注意它的线路端口仅输入/输出一路 STM-N 信号,而支路端口却可以输出/输入多路低速支路信号。在将低速支路信号复用进 STM-N 帧(线路)上时,有一个交叉的功能。

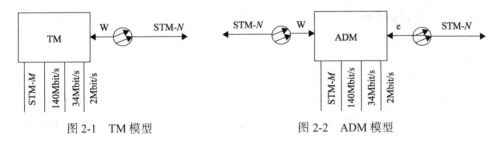

图 2-1  TM 模型          图 2-2  ADM 模型

**2)分/插复用器(ADM)**

分/插复用器用于 SDH 传输网络的转接站点处,例如链的中间结点或环上结点,是 SDH 网上使用最多、最重要的一种网元,它是一个三端口的器件,如图 2-2 所示。ADM 有两个线路端口和一个支路端口。ADM 的作用是将低速支路信号交叉复用到线路上去,或从线路信号中拆分出低速支路信号。另外,还可将两个线路侧的 STM-N 信号进行交叉连接。ADM 是 SDH 最重要的一种网元,它也可等效成其他网元,即能完成其他网元的功能,例如:一个 ADM 可等效成两个 TM。

### 3) 再生中继器(REG)

光传输网的再生中继器有两种：一种是纯光的再生中继器，主要进行光功率放大以实现长距离光传输的目的；另一种是用于脉冲再生整形的电再生中继器，主要通过光/电转换、抽样、判决、再生整形、电/光转换，这样可以不积累线路噪声，保证线路上 STM-$N$ 传送信号波形的完好性。REG 讲的是后一种再生中继器，它是双端口器件，只有两个线路端口，没有支路端口。REG 模型如图 2-3 所示。它的作用是将一个线路侧的光信号经光/电转换、抽样、判决、再生整形、电/光转换，在另一个线路侧发出。

### 4) 数字交叉连接设备(DXC)

数字交叉连接设备完成的主要是 STM-$N$ 信号的交叉连接功能，它是一个多端口器件，它实际上相当于一个交叉矩阵，完成各个信号间的交叉连接，如图 2-4 所示。

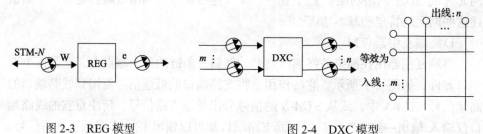

图 2-3　REG 模型　　　　　　　　图 2-4　DXC 模型

通常用 DXC$m/n$ 来表示一个 DXC 的配置类型和性能($m \geq n$)，其中 $m$ 表示输入端口速率的最高等级，$n$ 表示参与交叉连接的最低速率等级。$m$ 越大表示 DXC 的承载容量越大；$n$ 越小表示 DXC 的交叉灵活性越大。其中，数字 0 表示 64Kbit/s 电路速率；数字 1、2、3、4 分别表示 PDH 的 1-4 次群的速率，其中 4 也代表 SDH 的 STM-1 等级；数字 5 和 6 分别代表 SDH 的 STM-4 和 STM-16 等级。例如，DXC4/1 表示输入端口的最高速率为 155Mbit/s(对于 SDH)或 140Mbit/s(对于 PDH)，而交叉连接的最低速率等级为 2Mbit/s。目前应用最广泛的是 DXC1/0、DXC4/1 和 DXC44。

### 2. SDH 设备的逻辑功能块

ITU-T 采用功能参考模型的方法对 SDH 设备进行了规范，它将设备所应完成的功能分解为各种基本的标准功能块，功能块的实现与设备的物理实现无关(以哪种方法实现不受限制)，不同的设备由这些基本的功能块灵活组合而成，以完成设备不同的功能。通过基本功能块的标准化，来规范了设备的标准化，同时也使规范具有普遍性，叙述清晰简单。

下面以一个 TM 设备的典型功能块组成来讲述各个基本功能块的作用。

从图 2-5 可以看出，SDH 设备的逻辑功能块可以分为四个大的模块：信号处理模块、开销功能模块、网络管理模块和时钟同步模块。其中比较复杂的是信号处理模块，下面逐一对这些模块进行讨论。

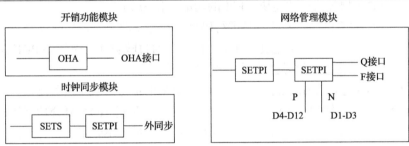

图 2-5 SDH 设备的逻辑功能构成

1) 信号处理模块

信号处理模块的主要作用是将各种低速业务（2Mbit/s、34Mbit/s、140Mbit/s）复用到光纤线路，以及从光纤线路上解复用出各种低速业务。以 140Mbit/s 为例，复用过程为 M→L→G→F→E→D→C→B→A，解复用的过程为 A→B→C→D→E→F→G→L→M。其中，信号处理模块又可以分为传送终端功能块（TTF）、高阶接口功能块（HOI）、低阶接口功能块（LOI）、高阶组装器（HOA）四个复合功能块，以及高阶通道连接功能块（HPC）、低阶通道连接功能块（LPC）。

传送终端功能块（TTF）它的作用是在收方向对 STM-N 光线路进行光/电变换（SPI）、处理 RSOH（RST）、处理 MSOH（MST）、对复用段信号进行保护（MSP）、对 AUG 消间插并处理指针 AU-PTR，最后输出 N 个 VC4 信号；发方向与此过程相反，进入 TTF 的是 VC4 信号，从 TTF 输出的是 STM-N 的光信号。它由下列子功能块组成：

SPI：SDH 物理接口功能块。SPI 是设备和光路的接口，主要完成光/电变换、电/光变换，提取线路定时，以及相应告警的检测。

RST：再生段终端功能块。RST 是再生段开销(RSOH)的源和宿，也就是说 RST 功能块在构成 SDH 帧信号的过程中产生 RSOH(发方向)，并在相反方向(收方向)处理(终结)RSOH。

MST：复用段终端功能块。MST 是复用段开销(MSOH)的源和宿，在接收方向处理(终结)MSOH，在发方向产生 MSOH。

MSP：复用段保护功能块。MSP 用以在复用段内保护 STM-$N$ 信号，防止随路故障，它通过对 STM-$N$ 信号的监测、系统状态评价，将故障信道的信号切换到保护信道上去(复用段倒换)。

MSA：复用段适配功能块。MSA 的功能是处理和产生管理单元指针(AU-PTR)，以及组合/分解整个 STM-$N$ 帧，即将 AUG 组合/分解为 VC4。

2)高阶接口功能块(HOI)

此复合功能块作用是完成将 140Mbit/s 的 PDH 信号适配进 C 或 VC4 的功能，以及从 C 或 VC4 中提取 140Mbit/s 的 PDH 信号的功能。它由下列子功能块组成：

PPI：PDH 物理接口功能块。PPI 的功能是作为 PDH 设备和携带支路信号的物理传输媒质的接口，主要功能是进行码型变换和支路定时信号的提取。

LPA：低阶通道适配功能块。LPA 的作用是通过映射和去映射将 PDH 信号适配进 C(容器)，或把 C 信号去映射成 PDH 信号。

HPT：高阶通道终端功能块。从 HPC 中出来的信号分成了两种路由，一种进 HOI 复合功能块，输出 140Mbit/s 的 PDH 信号；一种进 HOA 复合功能块，再经 LOI 复合功能块最终输出 2Mbit/s 的 PDH 信号。不过，不管走哪一种路由，都要先经过 HPT 功能块。

3)低阶接口功能块(LOI)

此复合功能块作用是完成将 2Mbit/s 和 34Mbit/s 的 PDH 信号适配进 VC12 的功能，以及从 VC12 中提取 2Mbit/s 和 34Mbit/s 的 PDH 信号的功能。它由下列子功能块组成：

PPI：PDH 物理接口功能块。PPI 的功能是作为 PDH 设备和携带支路信号的物理传输媒质的接口，主要功能是进行码型变换和支路定时信号的提取。

LPA：低阶通道适配功能块。LPA 的作用是通过映射和去映射将 PDH 信号适配进 C(容器)，或把 C 信号去映射成 PDH 信号。

LPT：低阶通道终端功能块。LPT 是低阶 POH 的源和宿，对 VC12 而言就是处理和产生 V5、J2、N2、K4 四个 POH 字节。

4)高阶组装器(HOA)

此复合功能块作用是将 2Mbit/s 和 34Mbit/s 的 POH 信号通过映射、定位、复用，装入 C4 帧中，或从 C4 中拆分出 2Mbit/s 和 34Mbit/s 的信号。它由下列子功能块组成：

HPA：高阶通道适配功能块。HPA 的作用有点类似 MSA，只不过进行的是通道级的处理/产生支路单元指针(TU-PTR)，将 C4 这种信息结构拆/分成 TU12(对 2Mbit/s 的信号而言)。

HPT：高阶通道终端功能块。从 HPC 中出来的信号分成了两种路由，一种进 HOI 复合功能块，输出 140Mbit/s 的 PDH 信号；一种进 HOA 复合功能块，再经 LOI 复合功能块最终输出 2Mbit/s 的 PDH 信号。不过，不管走哪一种路由，都要先经过 HPT 功能块。

5) 高阶通道连接功能块(HPC)

HPC 实际上相当于一个高阶交叉矩阵，它完成对高阶通道 VC4 进行交叉连接的功能，除了信号的交叉连接外，信号流在 HPC 中是透明传输的。

6) 低阶通道连接功能块(LPC)

与 HPC 类似，LPC 也是一个交叉连接矩阵，不过它是完成对低阶 VC(VC12/VC3)进行交叉连接的功能，可实现低阶 VC 之间灵活的分配和连接。

7) 开销功能模块

开销功能模块比较简单，它只含一个逻辑功能块——OHA，它的作用是从 RST 和 MST 中提取或写入相应 E1、E2、F1 公务联络字节，进行相应的处理。

### 2.1.1.2 SDH 复用方式

1. SDH 信号的帧结构

为了方便从高速信号中直接上/下低速信号，便于实现支路的同步复用、交叉连接和交换，需要 SDH 信号的帧结构的安排尽可能使支路信号在一帧内的分布是均匀的、有规律的。鉴于此，ITU-T 规定了 STM-$N$ 的帧结构是一种以字节(8bit)为单位的矩形块，如图 2-6 所示。

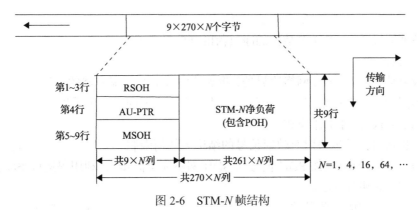

图 2-6  STM-$N$ 帧结构

由图 2-6 看出，STM-$N$ 的信号是 9 行×270×$N$ 列的帧结构，此处 $N$ 与 STM-$N$ 中的 $N$ 一致，取值范围是 1,4,16,64,…。由此可知，STM-1 信号的帧结构是 9 行×270 列的矩形块，$N$ 个 STM-1 信号通过字节间插复用成一个 STM-$N$ 信号，行数恒定不变。

SDH 信号的传输原则是：帧结构中的字节按从左到右、从上到下，一个字节一个字节地传输，传完一行再传下一行，传完一帧再传下一帧。对于任何 STM 等级的 SDH 信号，帧频均为 8000 帧/s，即帧周期恒定为 125μs。由此可知，STM-1 的速率为 9×270×8000×8=155520000bit/s（155.520Mbit/s），STM-$N$ 的速率为 STM-1 速率的 $N$ 倍。正是这种恒定的帧周期使得 STM-$N$ 信号的速率具有规律性，从而使高速 SDH 信号直接分/插出低速信号成为可能。

从图中可以看出，STM-$N$ 的帧结构包括三部分：段开销（包括再生段开销（RSOH）和复用段开销（MSOH）），管理单元指针（AU-PTR）和信息净负荷（payload）。

(1)信息净负荷是在 STM-$N$ 帧结构中存放所要传送的各种信息码块的地方，如图中所示第 1 至 9 行、第 10×$N$ 至第 270×$N$ 列所占的矩形块。其中，为了实时监测低速信号的传输状况，加入了少量用于通道性能监控的通道开销字节（POH），这些 POH 字节也作为净负荷的一部分一起在网络上传输。

(2)段开销（SOH）是为了保证信息净负荷能够准确、灵活地传送所加入的用于网络运行、管理和维护的字节。其中段开销又分为再生段开销（RSOH）和复用段开销（MSOH），分别对应图中第 1 至第 9×$N$ 列、第 1 至第 3 行和第 5 至第 9 行的矩形块。RSOH 和 MSOH 的区别在于监管的范围不同，RSOH 监管的是整个 STM-$N$ 的传输性能，MSOH 监管的是 STM-$N$ 中每个 STM-1 的性能状况。

(3)管理单元指针（AU-PTR）是一种位置指示符，用来指示信息净负荷的第一个字节在 STM-$N$ 帧中的准确位置，以便在接收端可以准确地分离信息净负荷。对应图中第 4 行、第 1 至 9×$N$ 列的 9×$N$ 个字节。

2. 映射、定位和复用的概念

各种信号装入 SDH 帧结构的净负荷区都要经过映射、定位和复用三个步骤。

1)映射

映射是一种在 SDH 网络边界处，将支路信号适配进虚容器的过程。为了适应各种不同的网络应用情况，有异步、比特同步、字节同步三种映射方法，有浮动 VC 和锁定 TU 两种工作模式。

异步映射：异步映射对映射信号的结构无任何限制（信号有无帧结构均可），也无需与网络同步（例如 PDH 信号与 SDH 网不完全同步），利用码速调整将信号适配进 VC 的映射方法。

比特同步映射：此种映射是对支路信号的结构无任何限制，但要求低速支路信号与网同步(例如 E1 信号保证 8000 帧/s),无需通过码速调整即可将低速支路信号打包成相应的 VC 的映射方法。

字节同步映射:字节同步映射是一种要求映射信号具有字节为单位的块状帧结构,并与网同步,无需任何速率调整即可将信息字节装入 VC 内规定位置的映射方式。

浮动 VC 模式:浮动 VC 模式指 VC 净负荷在 TU 内的位置不固定,由 TU-PTR 指示 VC 起点的一种工作方式。

锁定 TU 模式:锁定 TU 模式是一种信息净负荷与网同步并处于 TU 帧内的固定位置,因而无需 TU-PTR 来定位的工作模式。

三种映射方法和两类工作模式共可组合成多种映射方式,现阶段最常见的是异步映射浮动模式。

2)定位

定位是指通过指针调整,使指针的值时刻指向低阶 VC 帧的起点在 TU 净负荷中或高阶 VC 帧的起点在 AU 净负荷中的具体位置,使收端能据此正确地分离相应的 VC。

3)复用

复用就是通过字节间插方式把 TU 组织进高阶 VC 或把 AU 组织进 STM-$N$ 的过程。由于经过 TU 和 AU 指针处理后的各 VC 支路信号已相位同步,因此该复用过程是同步复用,复用原理与数据的串并变换相类似。

3. SDH 的复用/解复用步骤

这里所说的复用/解复用指的是信号装入 SDH 帧结构和从 SDH 帧结构提取出信号的整个过程,包括映射、定位和复用三个过程。

复用和解复用是一对逆过程,下面主要介绍 SDH 的复用步骤,解复用不再赘述。

SDH 的复用包括两种情况:一种是低阶的 SDH 信号复用成高阶 SDH 信号;另一种是低速支路信号复用成高速的 SDH 信号。

低阶的 SDH 信号复用成高阶 SDH 信号主要是通过字节间插复用方式来完成的,复用的个数是四合一,这就意味着高一级的 STM-$N$ 信号速率是低一级的 STM-$N$ 信号速率的 4 倍。

低速信号复用成高速信号的方法有两种。

比特塞入法(也叫码速调整法):这种方法利用固定位置的比特塞入指示来显示塞入的比特是否载有信号数据,允许被复用的净负荷有较大的频率差异(异步复用)。但是它不能将支路信号直接接入高速复用信号或从高速信号中分出低速支路信号。

固定位置映射法:这种方法利用低速信号在高速信号中的相对固定的位置来

携带低速同步信号，要求低速信号与高速信号帧频一致。它的特点在于可方便地从高速信号中直接上/下低速支路信号，但当高速信号和低速信号间出现频差和相差(不同步)时，要用 125μs(8000 帧/s)缓存器来进行频率校正和相位校准，导致信号较大延时和滑动损伤。

ITU-T 规定了一整套完整的复用结构(也就是复用路线)，通过这些路线可将 PDH 的 3 个系列的数字信号以多种方法复用成 STM-N 信号。ITU-T 规定的复用路线如图 2-7 所示。

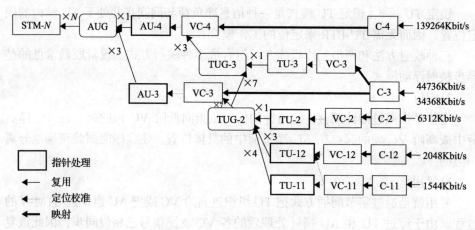

图 2-7　ITU-T 规定的复用路线

从图 2-7 中可以看出，从一个有效负荷到 STM-N 的复用路线不是唯一的，有多条路线，也就是说有多种复用方法。尽管一种信号复用成 SDH 的 STM-N 信号的路线有多种，但是对于一个国家或地区则必须使复用路线唯一化。我国的 SDH 基本复用映射结构如图 2-8 所示。

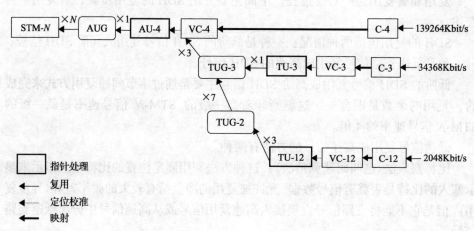

图 2-8　我国的 SDH 基本复用映射结构

从图 2-8 中也可以看出，我国的 SDH 基本复用映射结构规范中，PDH 的 8Mbit/s 和 45Mbit/s 速率是无法复用到 SDH 的 STM-$N$ 里面的。而且，AU-4 和 AUG 的结构是相同的，TU-3 和 TUG-3 是相同的。

1) 139.264Mbit/s 复用进 STM-$N$ 信号过程

139.264Mbit/s 复用进 STM-$N$ 信号过程如图 2-9 所示。

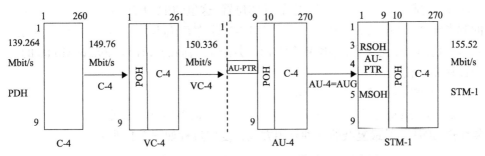

图 2-9  139.264Mbit/s 复用进 STM-$N$ 信号过程示意图

首先将 139.264Mbit/s 的 PDH 信号经过比特塞入法适配进 C-4，使信号的速率调整为标准的 C-4 速率信号（149.76Mbit/s）；在 C-4 的帧结构前加上一列通道开销（POH）字节，此时信号成为 VC-4 帧结构。POH 字节共 9 个字节；在 VC-4 的帧结构前加上一个管理单元指针（AU-PTR）来指示有效信息的位置。此时信号由 VC-4 变成了管理单元 AU-4 结构；最后将 AUG 加上相应的 SOH 合成 STM-1 信号，$N$ 个 STM-1 信号通过字节间插复用成 STM-$N$ 信号。

2) 34.368Mbit/s 复用进 STM-$N$ 信号过程

34.368Mbit/s 复用进 STM-$N$ 信号和 139.264Mbit/s 复用进 STM-$N$ 信号的过程主要区别是增加了 34.368Mbit/s 到 C-4 的复用过程。当 34.368Mbit/s 复用到 C-4 后，后面的过程与 139.264Mbit/s 的复用过程完全相同：C-4-VC-4-AU-4-AUG-STM-$N$，这里着重分析 34.368Mbit/s 到 C-4 的复用过程，此过程如图 2-10 所示。

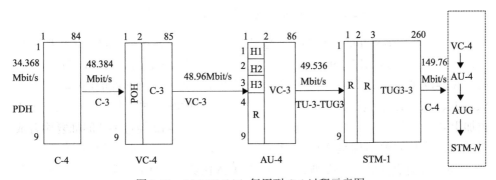

图 2-10  34.368Mbit/s 复用到 C-4 过程示意图

34.368Mbit/s 的 PDH 信号需要先经过比特塞入法适配到相应的标准容器 C-3

中，C-3 的速率是 48.384Mbit/s；将 C-3 加上 9 个字节的通道开销（POH），将 C-3 打包成 VC-3；在 VC-3 的帧上加 H1、H2、H3 共 3 个字节的支路单元指针（TU-PTR），同时塞入的伪随机信息 R，打包成 TU-3。支路单元指针（TU-PTR）的作用是为了方便收端定位 VC-3，以便能将它从高速信号中直接分离出来。TU-PTR 与 AU-PTR 很类似。AU-PTR 是指示 VC-4 起点在 STM 帧中的具体位置。TU-PTR 用以指示低阶 VC 的起点在支路单元 TU 中的具体位置。这里的 TU-PTR 就是用以指示 VC-3 的起点在 TU-3 中的具体位置；三个 TUG-3 通过字节间插复用方式，再加入两列塞入的伪随机信息 R 就复用成了 C-4 信号结构；后面的过程与 139.264Mbit/s 的复用过程完全相同。

3）2.048Mbit/s 复用进 STM-N 信号

2.048Mbit/s 复用进 STM-N 信号是当前用得最多的复用方式，也是 PDH 信号复用进 SDH 信号最复杂的一种复用方式，复用过程如图 2-11 所示。

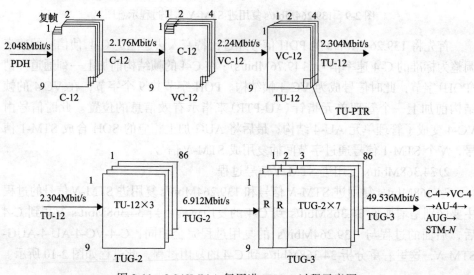

图 2-11　2.048Mbit/s 复用进 TUG-3 过程示意图

首先，将 2.048Mbit/s 的 PDH 信号经过码速调整装载到对应的标准容器 C-12 中，C-12 的速率是 2.176Mbit/s；C-12 加入相应的低阶通道开销（LP-POH），使其成为 VC-12 的信息结构。一个 VC-12 复帧的低阶通道开销（LP-POH）共 4 个字节：V5、J2、N2、K4；为了使收端能正确定位 VC-12 的帧，在一个 VC-12 的复帧中再加上 4 个字节的 TU-PTR，构成 TU-12；由 3 个 TU-12 经过字节间插复用合成 TUG-2，此时的帧结构是 9 行×12 列；由 7 个 TUG-2 经过字节间插复用合成 9 行×84 列的信息结构，然后加入两列固定塞入伪随机信息 R，就成了 9 行×86 列的信息结构，构成 TUG-3；从 TUG-3 信息结构再复用进 STM-N 中的步骤则与前面所讲的一样，不再赘述。

### 2.1.1.3 SDH 网络结构和网络保护机理

**1. 基本的网络拓扑结构**

基本的网络拓扑分为链形、星形、树形、环形和网孔形，如图 2-12 所示。

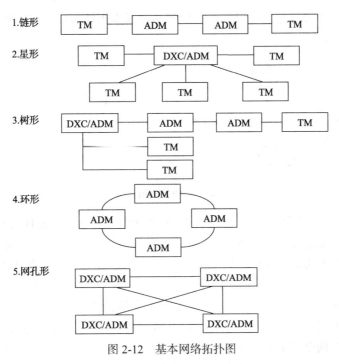

图 2-12 基本网络拓扑图

链形网：链形网是将网络中的所有节点——串联，而首尾两端开放。这种拓扑的特点是较经济，在 SDH 网的早期用得较多。

星形网：星形网是将网络中的某个网元作为特殊节点与其他节点相连，其他各网元节点互不相连，网元节点的业务都要经过这个特殊节点转发。这种网络拓扑的特点是可通过这个特殊节点来统一管理其他节点，利于分配带宽，节约成本，但存在特殊节点失效导致整个网络瘫痪的隐患以及处理能力的瓶颈问题。

树形网：树形网可看成是链形拓扑和星形拓扑的结合，也存在特殊节点的安全保障和处理能力的潜在瓶颈问题。

环形网：环形网实际上是指将链形拓扑首尾相连的网络拓扑方式，是 SDH 网络中最常用的网络拓扑形式，主要是因为它具有很强的生存性，即自愈功能较强。

网孔形网：将网络中的所有网元两两相连，就形成了网孔形网。网孔形网为两网元之间提供多个传输路由，增强了网络的可靠性，解决了瓶颈问题和失效问题。但是这种拓扑结构对传输协议的性能要求很高，传统 SDH 协议无法支持，可以采用下一代的智能光网络协议支持网孔形网络。

2. 复杂网络的拓扑结构及特点

目前常用的 SDH 复杂网络拓扑，是由环形网和链形网组合而成的。下面介绍几个在组网中要经常用到的拓扑结构：

环带链：环带链是由环形网和链形网两种基本拓扑形式组成，典型网络结构如图 2-13 所示。

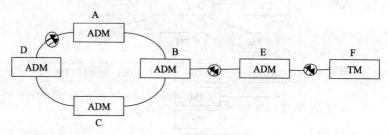

图 2-13　环带链拓扑图

A、B、C、D 四个网元组成环网，E、F 网元组成链，并通过 B 网元连接环网，这样所有的网元业务均能互通。环带链的拓扑结构，业务在链上无保护，在环网上享受环的保护功能。例如，网元 A 和网元 F 的互通业务，如果 B-E 光缆中断，业务传输中断，但如果 A-B 光缆中断，通过环的保护功能，业务并不会中断。

环形子网的支路跨接：典型的环形子网的网络结构如图 2-14 所示，A、B、C、D 四个网元组成环网，E、F、G、H 四个网元组成另一个环网，同时，这两个环又通过 B、E 两个网元用链进行连接，这样所有的网元业务均能互通。这样的网络结构，环上的所有业务都能有效保护，跨环业务则在 B-E 的链路处无法进行保护。这种网络结构存在关键点失效导致的部分业务中断问题，比如 B 网元/E 网元失效，或者 B-E 光缆中断，都能导致跨环业务中断，所以也可以用两条链进行连接（比如增加 A-F 连接链路），提高安全性。

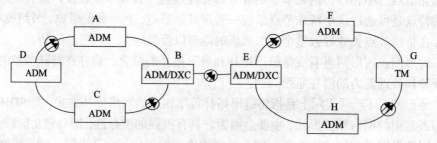

图 2-14　环形子网的支路跨接网络拓扑图

相切环：典型的相切环的网络结构如图 2-15 所示，A、B、C、D 四个网元组成环网，B、E、F、G、H 四个网元组成另一个环网，B 网元作为两个环网的共有节点，起到了连接作用，这样所有的网元业务均能互通。相切环上的所有业务都能有效保护，跨环业务也能进行保护。但这种网络结构存在关键点失效导致的部分业务中断问题，这里的关键点在相切点，也就是 B 网元。

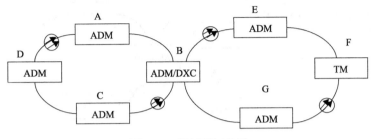

图 2-15 相切环拓扑图

相交环：为解决相切环的关键点失效的问题，可将相切环扩展为相交环，如图 2-16 所示。这种网络结构可对所有业务进行完善的保护。

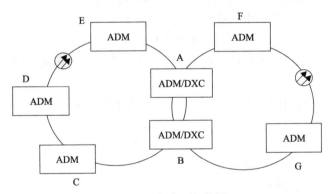

图 2-16 相交环拓扑图

枢纽网：枢纽网的网络结构如图 2-17 所示。这种结构中网元 A 作为枢纽点，其他网元以链、环等结构接入 A，形成复杂的网络结构。这种结构的环上业务享受环网保护，其他业务没有保护。

3. 网络保护机理

网络保护指通过技术手段，保护业务在网络故障时（光板故障、光缆中断、单站失效）不中断或少中断，提高网络的生存性。由于现今社会对通信网络的依赖越来越大，通信网络的自我恢复能力就更显得尤为重要。网络保护一般通过构建自愈网络来实现。所谓自愈是指在网络发生故障时，无需人为干预，网络自动地在极短的时间内，使业务自动从故障中恢复传输。网络要想具有自愈能力，必须有冗余的路由、网元强大的交叉能力以及一定的智能性。自愈网仅涉及重新构建通信通道供业务传送，而不负责具体故障部件的修复处理，这些还需要人工完成。

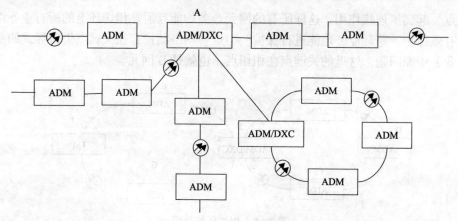

图 2-17　枢纽网的网络结构

根据 ITU-T 的规范，SDH 网络保护方式分为路径保护和子网连接保护（SNCP）。其中，路径保护分为通道保护和复用段保护。

SDH 的基本网络结构中，只有环网和网孔网具有冗余路由，所以只有这两种网络机构具有构建自愈网的条件。而 ITU-T 的规范中，SDH 的网络保护主要针对环网，所以可以将网孔网再划分成几个环网的组合，每个环网再按照环网的保护来实现。

SDH 保护环网根据主业务的走向，可以分为单向环和双向环，如图 2-18 所示。

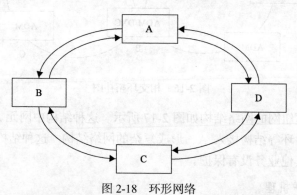

图 2-18　环形网络

如果所有的主业务都按照逆时针传送，备份业务都按照顺时针传送，则此环为单向环：A-C 业务为 A-B-C；C-A 业务为 C-D-A。如果 A-C 业务为 A-D-C；C-A 业务为 C-B-A，则这个环为双向环。

1）二纤单向通道保护环

二纤单向通道保护环可以看成是由两根光纤组成的两个环，其中一个为主环 S1，传主用业务；一个为备环 P1，传保护业务，两个环的业务流向相反。通道保护（PP）的原理是并发选收：发端支路板将业务"并发"到 S1、P1 上，收端通过

支路板选择接收一路质量较好的业务来实现保护倒换。收端支路板默认选收 S1
方向业务。二纤单向通道保护环如图 2-19 所示。

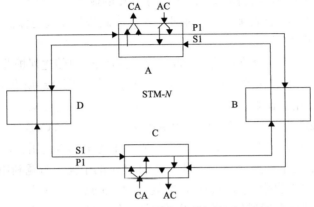

图 2-19　二纤单向通道保护环

下面分析二纤单向通道保护环的保护机理。假如网元 A 和网元 C 互通业务，
当 B、C 之间光缆同时被切断，如图 2-20 所示。

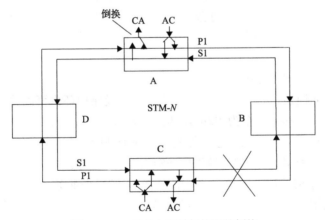

图 2-20　二纤单向通道保护环的倒换

网元 A 到网元 C 的业务由网元 A 的支路板并发到 S1 和 P1 光纤上，其中，
S1 业务经光纤由网元 D 穿通传至网元 C，P1 光纤的业务经网元 B 穿通，由于 B、
C 间光缆中断，所以光纤 P1 上的业务无法传到网元 C，不过由于网元 C 默认选收
主环 S1 上的业务，这时网元 A 到网元 C 的业务并未中断，网元 C 的支路板也不
进行保护倒换。

网元 C 到网元 A 的业务由网元 C 的支路板并发到 S1 环和 P1 环上，其中，
P1 环上网元 C 到 A 的业务经网元 D 穿通传到网元 A，S1 环上网元 C-A 业务，正
常情况要经网元 B 穿通，现在由于 B、C 间光缆中断所以无法传到网元 A，网元

A 默认是选收主环 S1 上的业务，而此时由于 S1 环上 C-A 的业务传不过来，这时网元 A 的支路板就会收到 S1 环上的告警信号。网元 A 的支路板收到 S1 光纤上的告警后，立即切换到选收备环 P1 光纤上的 C-A 的业务，于是 C-A 的业务得以恢复，完成环上业务的通道保护，此时网元 A 的支路板处于通道保护倒换状态——切换到选收备环方式。

二纤单向通道保护环在网络正常状态下，备环 P1 也传送保护业务，无法传送额外业务，是 1+1 的保护。业务为单向，对通业务遍历全环所有工作路径，VC 的时隙将无法复用。比如，A、C 网元间的对通业务是一个 2M，占用 VC12 的编号假定为 VC12-1，则 A-C 业务将占用 A-D 和 D-C 间的 VC12-1，C-A 业务将占用 C-B 和 B-A 间的 VC12-1，整个网络的 VC12-1 将全部被占用，不能被其他业务使用。基于以上两个特点，整个环网只有 STM-$N$ 的带宽，带宽利用率低。但是，二纤单向通道保护环倒换速度快(ITU-T 规范为＜50ms)，一般厂家设备都能做到 20ms 以下；二纤单向通道保护环不需要额外软件支持，倒换成功率高，支持不同厂家的设备混合组网。基于以上特点，二纤单向通道保护环使用的较为广泛。

2)二纤双向通道保护环

二纤双向通道保护环和两纤单向通道保护环基本一样，仅仅是主用业务方向为双向(一个通过 S 光纤，一个通过 P 光纤)，保护业务也同时占用 S 光纤和 P 光纤，结构复杂。倒换原理也是双发选收，实际使用的较少，可以参见两纤单向通道保护环进行倒换分析。

3)二纤单向复用段保护环

和二纤单向通道保护环一样，二纤单向复用段保护环也可以看成是由两根光纤组成的两个环，其中一个为主环 S1 传主用业务；一个为备环 P1 起保护作用，但在网络正常状况下，可以传送额外业务，两个环的业务流向相反。复用段保护(MSP)的原理是利用 K1、K2 字节的 APS(自动保护切换)协议，使故障两侧的网元进行环回，将 S1 和 P1 导通，同时清除 P1 上的额外业务，用 P1 环保护 S1 的业务，保证主用业务的正常传送，达到业务保护的目的。二纤单向复用段保护环如图 2-21 所示。

下面分析二纤单向复用段保护环的业务保护机理。假如网元 A 和网元 C 互通业务，当 B、C 之间光缆同时被切断，如图 2-22 所示。

网元 A 到网元 C 的主用业务先由网元 A 发到 S1 光纤上，到故障端点站 B 处环回到 P1 光纤上，这时 P1 光纤上的额外业务被清掉，改传网元 A 到网元 C 的主用业务，经 A、D 网元穿通，由 P1 光纤传到网元 C，因为 C 是故障端点站，业务在 C 环回到 S1 光纤上，并落地。A-C 的整个业务路径为长路径：A-B-A-D-C。网元 C 到网元 A 的主用业务因为 C-D-A 的主用业务路由未中断，所以 C-A 的主用业务正常传输。

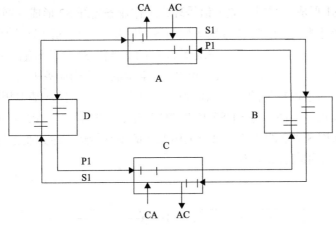

图 2-21　二纤单向复用段保护环

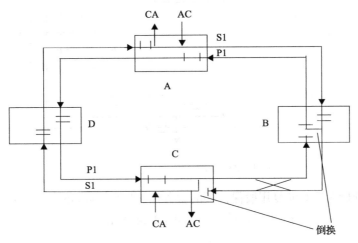

图 2-22　二纤单向复用段保护环的倒换

二纤单向复用段保护环在网络正常状态下,备环 P1 可以传送额外业务,是 1 : 1 的保护方式。正常状态下,整个环网有 2×STM-*N* 的带宽,故障时只有 1×STM-*N* 的带宽,带宽利用率稍好。但是, 二纤单向复用段保护环的业务为单向,对通业务遍历全环所有工作路径, VC 的时隙无法复用;复用段保护环需要使用 APS 协议软件控制, 故障时业务传送路径增长, 倒换速度比通道保护慢(ITU-T 规范为＜50ms) ; 由于 APS 协议尚未标准化, 所以复用段保护方式并不支持多厂家设备混合组网; 由于 K 字节的限制, 复用段保护环的非中继节点不能超过 16 个。基于以上特点, 二纤单向复用段保护环实际应用得不多。

4) 四纤双向复用段保护环

四纤双向复用段保护环在每个^段节点间需 4 根光纤,工作和保护是在不同的光纤里传送,两根工作业务光纤一发一收和两根保护业务光纤一发一收,其中工作业务光纤 S1 形成一顺时针业务信号环，工作业务光纤 S2 形成一逆时针业务信号环；保护业务光纤 P1 和 P2 分别形成与 S1 和 S2 反方向的两个保护信号环，每根光纤都有一个倒换开关。正常情况下 A-C 的业务沿 S1 光纤传输，而 C-A 的业务沿 S2 光纤传回 A，保护光纤 P1 和 P2 是空闲的，主用业务采用双向传送。四纤双向复用段共享保护环的倒换原理和二纤单向复用段保护环基本相同，也是故障两侧的网元进行环回，将 S1/S2 和 P1/P2 导通，同时清除 P1/P2 上的额外业务，用 P1/P2 环保护 S1/S2 的业务，保证主用业务的正常传送，达到业务保护的目的。

四纤双向复用段保护环如图 2-23 所示。

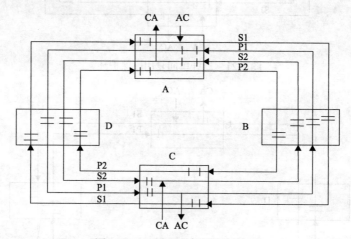

图 2-23　四纤双向复用段保护环

下面分析四纤双向复用段保护环的业务保护机理。假如网元 A 和网元 C 互通业务，当 B、C 之间光缆同时被切断，如图 2-24 所示。

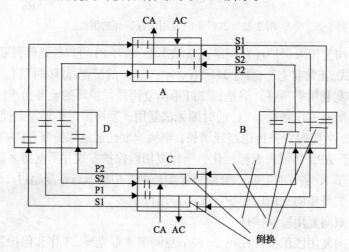

图 2-24　四纤双向复用段保护环

利用 APS 协议，B 和 C 节点中各有两个倒换开关，执行环回功能，在 B 点光纤 S1 和 P1 沟通，光纤 S2 和 P2 沟通，C 节点也完成类似功能，业务的路由为：A-C 业务从 A(S1)-B(环回，PI)-A(P1)-D(P1)-C(P1，环回)-C(S1)业务落地；C-A 业务从 C(S2，环回)-C(P2)-D(P2)-A(P2)-B(P2，环回)-B(S2)-A(S2)业务落地。

四纤双向复用段保护环主用业务只占用业务网元之间的 VC 时隙，不遍历全环，VC 时隙可以复用，使得带宽利用率大大增加，大大提高了业务的传送能力，而不是简单的两个二纤单向复用段环的容量相加。比如在上面的例子中，如果业务为 2M 业务，占用 VC12-1，则网络正常时，A-C 业务 VC12-1(S1)占用 A-B-C，C-D-A 之间的 S1 上的 VC12-1 还可以使用，C-A 业务 VC12-1(S2)占用 C-B-A，A-D-C 之间的 S2 上的 VC12-1 还可以使用，在倒换时，C-D-A 之间的 S1 上的 VC12-1、A-D-C 之间的 S2 上的 VC12-1 也都没有占用，也可以使用。四纤双向复用段保护环的业务容量有两种极端方式：一种是环上有一业务集中站(比如 A)，业务全部为此站与其他各网元间的业务(如 A-B、A-C、A-D)，其他网元间无业务往来。这时环上的业务量为最小的 $2\times$STM-$N$(主用业务)和 $4\times$STM-$N$(包括额外业务)，与两个二纤单向复用段环的容量相加相同。另一种情况是其环网上只存在相邻网元的业务，不存在跨网元业务，这时每个光缆段均为相邻互通业务的网元专用，例如 A-D 光缆只传输 A 与 D 之间的双向业务，D-C 光缆段只传输 D 与 C 之间的双向业务等。相邻网元间的业务不占用其他光缆段的时隙资源，可以时隙复用，这样各个光缆段都最大传送 STM-$N$(主用)或 $2\times$STM-$N$(包括备用)的业务(时隙可重复利用)，而环上的光缆段的个数等于环上网元的节点数，所以这时网络的业务容量达到最大：$M\times2\times$STM-$N$(主)或 $M\times4\times$STM-$N$(包括额外业务)。这里，$M$ 表示环上的网元数。

四纤双向复用段保护环除了二纤环的环倒换保护，还引入了段倒换保护的概念，大大增强了网络的保护能力，减少了大量业务倒换引起的网络不稳定性。当网元之间的所有光缆全部中断或网元实效时，进行环倒换，所有经过此故障点的主用业务都将从工作通道环回到长路径的保护通路来传送，与二纤环倒换基本相同。当仅仅是工作路径光缆发生故障时，启用段保护，主用业务将由该失效区段的保护光纤来传送，其他业务不受影响，不进行环回倒换，网络稳定性好。通过段保护，四纤双向复用段保护环可以同时允许环上多处工作通道光缆中断。

虽然在带宽利用率方面，四纤双向复用段保护环有了很大提高，但是由于代价较高(双倍光板和光缆等系统资源的占用)，四纤双向复用段保护环应用面不是很广。

5) 二纤双向复用段保护环

二纤双向复用段保护环是通过时隙划分虚拟技术简化的四纤双向复用段保护环，继承了四纤双向复用段保护环的高带宽利用率的特性，同时节约了投资。

二纤双向复用段保护环利用时隙划分虚拟技术，一条光纤上用一半时隙载送工作通路(S1)，另一半时隙载送保护通路(P2)；另一条光纤上也用一半时隙载送工作通路(S2)，另一半时隙载送保护通路(P1)。在一条光纤上的工作通路(S1)，由沿环的相反方向的另一条光纤上的保护通路(P1)来保护；反之亦然，这就允许工作业务量双向传送。二纤双向复用段保护环如图2-25所示。

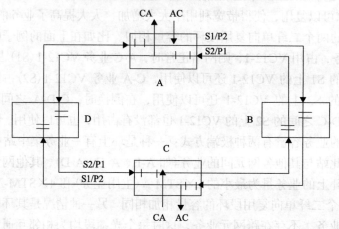

图 2-25　二纤双向复用段保护环

二纤双向复用段保护环的倒换和四纤双向复用段保护环类似，这里不做分析。

需要注意的是，由于二纤单向通道保护环的S和P在一条光缆上，所以S和P一定会同时中断，所以不存在段倒换的情况发生。另外，由于二纤双向复用段保护环需要通过时隙划分虚拟，而STM-1无法再等分VC4，所以STM-1的环网无法支持二纤双向复用段保护环。

二纤双向复用段保护环在目前使用非常广泛，主要适用于分散业务较多的场合。

6) 子网连接保护(SNCP)

子网连接保护可以看成是通道保护的延伸，同样是"1+1"的保护方式，遵循"发端双发，收端选收"的原则，比通道保护强大之处在于：子网连接保护可以适应任何网络拓扑结构，包括复杂的网络结构。只要可以在网络中同时可以找出一条不同路由的保护业务路径，就可以用这条路径业务对工作路径业务进行"1+1"的保护。子网连接保护如图2-26所示，图中，A、B、C、D组成复用段环，E、F、G、H、I组成网格网，A、E通过链连接，C、H也通过链连接。D-F是一个单向业务，现在要启用SNCP保护。首先找到一条主用业务路径：D-A-E-F用于网络正常时的业务传送。再找到一条备用业务路径：D-C-H-F用于主用业务路径故障时的业务保护传送。D-F业务同时发送到这两条路径进行传送，在F进行选收。如图2-27所示，当A-E光缆故障时，主用业务路径故障，F网元接到告警后，立即选择接收备用业务路径的D-C-H-F业务，完成业务保护。

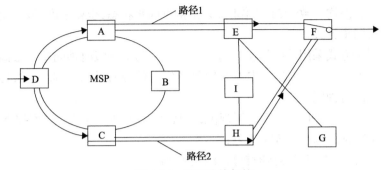

图 2-26 子网连接保护

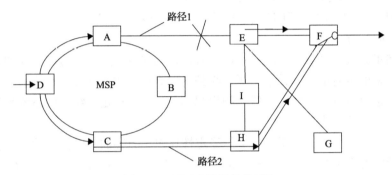

图 2-27 子网连接保护的倒换

子网连接保护在配置方面具有很大的灵活性，特别适用于不断变化、对未来传输需求不能预测的、根据需要可以灵活增加连接的网络。子网连接保护还能支持不同厂家的设备混合组网。但是子网连接保护需要判断整个工作通道的故障与否，对设备的性能要求很高。

#### 2.1.1.4 SDH 定时与同步

1. 同步的概念

同步指通信双方的定时信号符合特定的频率或相位关系，即两个或两个以上信号在相对应的有效瞬间，其相位差或频率差保持在约定的允许范围之内。同步分为位同步、帧同步和网同步三种模式。

在固定速率的数字信号传输过程中，同步是保证通信质量的关键因素，其重要特征之一就是失步时业务质量会受损甚至中断。

2. SDH 网同步的方式及其特点

SDH 网的同步方式主要有以下几种：

1) 准同步方式(伪同步方式)

网内各节点的时钟信号互相独立，各节点采用高精度时钟，这些时钟的标称频率和频率容差均一致。彼此工作时，只是接近同步状态，也就是准同步(伪同步)。

2)主从同步方式

主从同步方式采用分级结构，每一级时钟都与上一级时钟同步。最高级别的时钟称为基准主时钟(PRC)，基准主时钟的定时信号通过同步链路逐级传送，各从时钟与上级时钟同步。

ITU-T 对各级别时钟精度进行规范，时钟质量级别由高到低分列如下：

基准主时钟，满足 G.811 规范；

转接局时钟(中间局转接时钟)，满足 G.812 规范；

端局时钟(本地局时钟)，满足 G.812 规范；

SDH 网络单元时钟(SDH 网元内置时钟)，满足 G.813 规范。

3)互同步方式

互同步方式，是指同步网内不设主时钟，网内各节点接收与它相连的其他节点时钟送来的定时信号，并根据所有收到的定时信号频率的加权平均值来调整自身频率，最后所有网元的定时信号频率都调整到一个稳定、统一的系统频率上，从而实现全网的同步。

互同步的优点是网络系统频率的稳定性比单个时钟的频率稳定性要高，对节点时钟性能要求不高，对同步链路的依赖也不强。但缺点是网络稳态频率不确定，受外界因素的影响较大，网络参数的变化容易影响到整个系统性能的稳定性，一般很少使用。

4)混合同步方式

混合同步方式是将全网划分为若干个同步区，各同步区内采用主从同步方式，而各同步区内的基准时钟之间采用准同步(伪同步)方式运行，如图 2-28 所示。

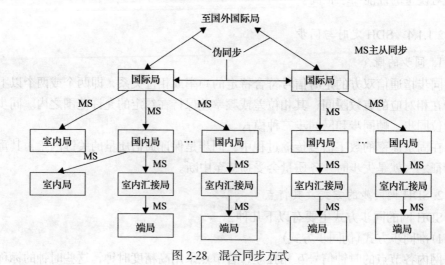

图 2-28　混合同步方式

3. SDH 网的同步设计中时钟设置原则

通过上面的分析可以看出，SDH 网同步需要遵守以下原则：

(1)每个网元有且只有一个时钟信号供使用；

(2)全网所有网元的时钟信号之间必须同步；

(3)每个网元的时钟信号精度尽可能高；

(4)为提高安全性，每个网元需要有多个时钟源信号可选；

(5)从投资成本的角度出发，需要根据 SDH 网络的大小选择合适的同步方式，一般以主从同步和混合同步为宜。

根据以上原则，以下几点需要在 SDH 网同步设计中着重考虑：

(1)主从同步时钟传送时不应存在环路。例如图 2-29 所示的网络，若 NE2 跟踪 NE1 的时钟，NE3 跟踪 NE2，NE1 跟踪 NE3 的时钟，这时同步时钟的传送链路组成了一个环路，这时

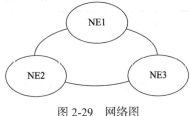

图 2-29　网络图

若某一网元时钟劣化，就会使整个环路上网元的同步性能连锁性的劣化，时钟精度严重下降。

(2)主从同步中时钟跟踪传递的链路不能过长。时钟信号每经过一个网元性能会劣化，末端的时钟质量无法保证。同时在传递链路过长情况下，由于链路的中断、网元失效导致的末端站点失去时钟信号可能性增大。

(3)主从同步时，网元尽量跟踪高级别时钟。

(4)主、备用时钟基准应从分离路由传递，防止当时钟传递链路中断后，导致时钟基准全部丢失。

4. SDH 网同步的实现

以使用最为普遍的主从同步方式为例，SDH 网要实现同步，整个网络需要有一个网元能够获取高精度的基准时钟，该时钟一般通过以下方式获得：

(1)配置一个独立的高精度时钟发生器，如铯原子时钟；

(2)从卫星 GPS(全球定位系统)采集参考时钟；

(3)从该地区高级别的网络中提取时钟；

(4)使用 SDH 设备自身的自振荡时钟。

网络中其他网元的时钟工作模式如下：

锁定模式：锁定模式下，其他 SDH 网元可以通过跟踪独立同步网传递的基准时钟，或者跟踪上级 SDH 网元传递过来的基准时钟，实现网同步。此时，网络处于主从同步方式。

保持模式：当锁定模式失效时(时钟传递链路故障)，SDH 网元内部时钟利用

失效前存储的最后的频率信号为基准工作。

自由振荡模式：自由振荡模式指网元跟踪自身自由振荡时钟。

5. SDH 网络时钟保护倒换原理

SDH 网络通常采用主从同步方式，各个网元通过一定的时钟同步路径，一级一级地跟踪到同一个时钟基准源，实现全网同步。

表 2-1 是 ITU-T 定义的同步状态信息编码，没有列出的 S1 字节暂时保留，没有定义。

表 2-1　ITU-T 定义的同步状态信息编码表

| S1（b5-b8） | SDH 同步质量等级描述 | 时钟精度 |
| --- | --- | --- |
| 0000 | 质量不可知 | 不可知 |
| 0010 | G.811 主时钟，PRC 等级 | $1 \times 10^{-11}$ |
| 0100 | G.812 转接局时钟，SSU-T 等级 | $1.5 \times 10^{-9}$ |
| 1000 | G.812 本地局时钟，SSU-L 等级 | $3 \times 10^{-8}$ |
| 1011 | G.813 网元时钟，SEC 等级 | 自由振荡模式精度 $4.6 \times 10^{-6}$，保持模式精度 $5 \times 10^{-8}$ |
| 1111 | DUS，不可用 | 不可知 |

### 2.1.2　SDH 设备硬件简介

1. SDH 设备的硬件结构

1）机柜的组成结构

一个 SDH 常规机柜包括内骨架、两个侧门、一个前门和一个后门。内骨架为整个机柜的支撑体，具有机柜定型和承重作用。机柜门用螺栓、旋轴安装在内骨架相应的孔位上，SDH 设备安装在内骨架的安装立柱上。

2）SDH 设备硬件结构

SDH 设备子架如 OptiX OSN 3500 子架采用双层子架结构，分为出线板区、风扇区、处理板区和走纤区。

SDH 设备由功能单元组成，主要包括线路接口单元、支路接口单元、交叉连接单元、同步定时单元、系统控制与通信单元、辅助功能单元等。各功能单元具体作用见表 2-2。

2. SDH 设备板卡及其功能

1）线路接口单元板件

SDH 光板：SDH 光板在接收方向进行光/电转换，将 STM-N 的 SDH 光信号进行解复用成 VC4 级别，送入交叉连接单元，进行内部处理；在发送方向进行电/光转换，将 VC4 信号复用成 STM-N 级别的 SDH 光信号，送入光缆线路。

表 2-2 SDH 功能单元的组成及作用

| 功能单元 | 功能单元作用 |
| --- | --- |
| 线路接口单元 | 在接收方向对 SDH 信号进行解复用成 VC4 级别，送入交叉连接单元；在发送方向将 VC4 信号复用成 STM-N 级别，送入光缆线路。同时还有上报光路故障告警等功能 |
| 支路接口单元 | 对业务信号进行映射、定位和复用成 VC 级别，以及逆过程的处理。具有对业务信号的保护功能，以及上报支路故障告警等功能。业务包括 PDH 业务、SDH 业务（主要指 STM-1 电信号）、以太网业务、ATM 业务等 |
| 交叉连接单元 | 完成业务的高低阶交叉连接功能 |
| 同步定时单元 | 为设备提供时钟功能 |
| 系统控制与通信单元 | 提供系统控制和通信功能，提供网管接口 |
| 辅助功能单元 | 实现电源的引入和防止设备受异常电源的干扰；处理 SDH 信号的开销；为设备提供风冷散热；为设备提供辅助接口 |

光放板：光放板用于提升发光的光功率和接收灵敏度，配合 SDH 光板进行长距离传输时使用。光放板根据安装在光板的发端、收端和中间，分别称为功放（BA）、预放/前放（PA）和线放（LA）。

色散补偿板：色散补偿板用于抵消色散效应，配合 SDH 光板进行长距离传输时使用。

2) 支路接口单元板件

PDH 业务板：PDH 业务板对 PDH 的信号（E1/T1、E3/T3）进行映射、定位和复用成 VC12、VC3、VC4 级别，送入交叉连接单进行交叉处理，以及逆过程的处理。PDH 业务板的保护一般采用 1：AT 业务保护倒换（TPS）来实现。其工作原理是用保护槽位上的一块业务板，当某个工作槽位上的业务板故障，保护槽位上的业务板立即介入进行替代工作，达到保护支路板的作用，如图 2-30 所示。

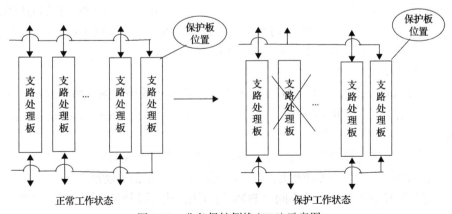

图 2-30 业务保护倒换（TPS）示意图

SDH 业务板：SDH 业务板一般特指处理 STM-1 电信号的 SDH 业务板。

以太网业务板：以太网业务板一般由以太网处理板、以太网接线板、以太网保护倒换板组成，也可能这三块板件集成为一块板件。

ATM 业务板：ATM 业务板目前使用得较少，目前 SDH 设备主要支持 155Mbit/s 和 622Mbit/s 两种 ATM 光板。

3）交叉连接单元板件

交叉连接单元由交叉板组成，作用是对线路板和支路板送过来的 VC 信号进行高低阶交叉连接，从而实现业务的连通与调度功能。

4）同步定时单元板件

同步定时单元由时钟板组成，作用是从外接时钟提取时钟信息，自身晶体时钟提供时钟同步信息，提供给其他设备时钟同步信息，以及这些时钟同步信息的处理。

5）系统控制与通信单元板件

系统控制与通信单元由主控板组成，作用是提供系统控制和通信功能，同时提供网管接口功能。

6）辅助功能单元板件

辅助功能单元主要由电源板、开销板、辅助接口板、风扇等板件组成。

### 2.1.3　EPON 技术及 OTN 原理

1. EPON 工作原理及特点

1）EPON 技术发展

光纤接入从技术上可分为两大类：有源光网络（active optical network，AON）和无源光网络（passive optical network，PON）。

EPON 是 20 世纪 90 年代中期就被 ITU 和全业务接入网论坛（FSAN）标准化的 PON 技术，FSAN 在 2001 年底又将 APON 更名为 BPON，APON 的最高速率为 622Mbit/s，二层采用的是 ATM 封装和传送技术，因此存在带宽不足、技术复杂、价格高、承载 IP 业务效率低等问题，未能取得市场上的成功。

2）EPON 的基本原理

与其他 PON 技术一样，EPON 技术采用点到多点的用户网络拓扑结构，利用光纤实现数据、语音和视频的全业务接入的目的，主要由 OLT、ODN、ONU 三个部分构成，如图 2-31 所示。

其中 OLT 作为整个网络/节点的核心和主导部分，完成 ONU 注册和管理、全网的同步和管理以及协议的转换、与上联网络之间的通信等功能。

根据 ONU 在所处位置的不同，EPON 的应用模式又可分为光纤到路边（FTTC）、光纤到大楼（FTTB）、光纤到办公室（FTTO）和光纤到家（FTTH）等多种类型。

在 FTTC 结构中，ONU 放置在路边或电线杆的分线盒边，从 ONU 到各个用户之间采用双绞线铜缆；传送宽带图像业务，则采用同轴电缆。

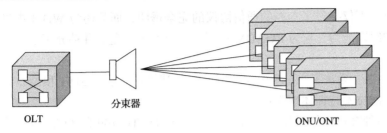

图 2-31　EPON 的网络结构

3) EPON 的技术优点

EPON 的优点主要表现在：

(1) 相对成本低，维护简单，容易扩展，易于升级。

(2) 提供非常高的带宽。

(3) 服务范围大，EPON 作为一种点到多点网络，可以利用局端单个光模块及光纤资源，服务大量终端用户。

(4) 带宽分配灵活，服务有保证。

4) EPON 的传输原理

EPON 从 OLT 到多个 ONU 下行传输数据和从多个 ONU 到 OLT 上行数据传输是十分不同的。

当 OLT 启动后，它会周期性的在本端口上广播允许接入的时隙等信息。ONU 上电后，根据 OLT 广播的允许接入信息，主动发起注册请求，OLT 通过对 ONU 的认证(本过程可选)，允许 ONU 接入，并给请求注册的 ONU 分配一个本 OLT 端口唯一的一个逻辑链路标识(LLID)。

2. OTN 基本原理

1) OTN 原理简介

OTN 是以波分复用技术为基础、在光层组织网络的传送网，是下一代的骨干传送网。OTN 是通过 G.872、G.709、G.798 等一系列 ITU-T 的建议所规范的新一代 "数字传送体系" 和 "光传送体系"，将解决传统 WDM 网络无波长/子波长业务调度能力差、组网能力弱、保护能力弱等问题。

OTN 跨越了传统的电域(数字传送)和光域(模拟传送)，是管理电域和光域的统一标准。OTN 处理的基本对象是波长级业务，它将传送网推进到真正的多波长光网络阶段。由于结合了光域和电域处理的优势，OTN 可以提供巨大的传送容量、完全透明的端到端波长/子波长连接以及电信级的保护，是传送宽带大颗粒业务的最优技术。

2) 主要优势

OTN 的主要优点是完全向后兼容，它可以建立在现有的 SONET/SDH 管理功能基础上，不仅提供了存在的通信协议的完全透明，而且还为 WDM 提供端到端的连接和组网能力，它为 ROADM 提供光层互联的规范，并补充了子波长汇聚和疏导能力。

OTN 概念涵盖了光层和电层两层网络，其技术继承了 SDH 和 WDM 的双重优势，关键技术特征体现为：

（1）多种客户信号封装和透明传输。基于 ITU-TG.709 的 OTN 帧结构可以支持多种客户信号的映射和透明传输，如 SDH、ATM、以太网等。对于 SDH 和 ATM 可实现标准封装和透明传送，但对于不同速率以太网的支持有所差异。ITU-TG.sup43 为 10GE 业务实现不同程度的透明传输提供了补充建议，而对于 GE、40GE、100GE 以太网、专网业务光纤通道(FC)和接入网业务吉比特无源光网络(GPON)等，其到 OTN 帧中标准化的映射方式目前正在讨论之中。

（2）大颗粒的带宽复用、交叉和配置。OTN 定义的电层带宽颗粒为光通路数据单元(ODU$k$，$k$ =0,1,2,3)，即 ODU0(GE,1000M/S)ODU1(2.5Gbit/s)、ODU2(10Gbit/s)和 ODU3(40Gbit/s)，光层的带宽颗粒为波长，相对于 SDH 的 VC-12/VC-4 的调度颗粒，OTN 复用、交叉和配置的颗粒明显要大很多，能够显著提升高带宽数据客户业务的适配能力和传送效率。

（3）强大的开销和维护管理能力。OTN 提供了和 SDH 类似的开销管理能力，OTN 光通路(OCh)层的 OTN 帧结构大大增强了该层的数字监视能力。另外 OTN 还提供 6 层嵌套串联连接监视(TCM)功能，这样使得 OTN 组网时，采取端到端和多个分段同时进行性能监视的方式成为可能。为跨运营商传输提供了合适的管理手段。

（4）增强了组网和保护能力。通过 OTN 帧结构、ODU$k$ 交叉和多维度可重构光分插复用器(ROADM)的引入，大大增强了光传送网的组网能力，改变了基于 SDHVC-12/VC-4 调度带宽和 WDM 点到点提供大容量传送带宽的现状。前向纠错(FEC)技术的采用，显著增加了光层传输的距离。另外，OTN 将提供更为灵活的基于电层和光层的业务保护功能，如基于 ODU$k$ 层的光子网连接保护(SNCP)和共享环网保护、基于光层的光通道或复用段保护等，但共享环网技术尚未标准化。

3)应用场景

基于 OTN 的智能光网络将为大颗粒宽带业务的传送提供非常理想的解决方案。传送网主要由省际干线传送网、省内干线传送网、城域(本地)传送网构成，而城域(本地)传送网可进一步分为核心层、汇聚层和接入层。相对 SDH 而言，OTN 技术的最大优势就是提供大颗粒带宽的调度与传送，因此，在不同的网络层面是否采用 OTN 技术，取决于主要调度业务带宽颗粒的大小。按照网络现状，省际干线传送网、省内干线传送网以及城域(本地)传送网的核心层调度的主要颗粒一般在 Gbit/s 及以上，因此，这些层面均可优先采用优势和扩展性更好的 OTN 技术来构建。对于城域(本地)传送网的汇聚与接入层面，当主要调度颗粒达到 Gbit/s 量级，亦可优先采用 OTN 技术构建。

国家干线光传送网：随着网络及业务的 IP 化、新业务的开展及宽带用户的迅猛增加，国家干线上的 IP 流量剧增，带宽需求逐年成倍增长。波分国家干线承载着 PSTN/2G 长途业务、NGN/3G 长途业务、Internet 国家干线业务等。由于承载业务量巨大，波分国家干线对承载业务的保护需求十分迫切。

采用 OTN 技术后，国家干线 IP over OTN 的承载模式可实现 SNCP 保护、类似 SDH 的环网保护、MESH 网保护等多种网络保护方式，其保护能力与 SDH 相当，而且，设备复杂度及成本也大大降低。

省内/区域干线光传送网：省内/区域内的骨干路由器承载着各长途局间的业务(NGN/3G/IPTV/大客户专线等)。通过建设省内/区域干线 OTN 光传送网，可实现 GE/10GE、2.5G/10GPOS 大颗粒业务的安全、可靠传送；可组环网、复杂环网、MESH 网；网络可按需扩展；可实现波长/子波长业务交叉调度与疏导，提供波长/子波长大客户专线业务；还可实现对其他业务如 STM-1/4/16/64SDH、ATM、FE、DVB、HDTV、ANY 等的传送。

城域/本地光传送网：在城域网核心层，OTN 光传送网可实现城域汇聚路由器、本地网 C4(区/县中心)汇聚路由器与城域核心路由器之间大颗粒宽带业务的传送。路由器上行接口主要为 GE/10GE，也可能为 2.5G/10GPOS。城域核心层的 OTN 光传送网除可实现 GE/10GE、2.5G/10G/40GPOS 等大颗粒电信业务传送外，还可接入其他宽带业务，如 STM-0/1/4/16/64SDH、ATM、FE、ESCON、FICON、FC、DVB、HDTV、ANY 等；对于以太业务可实现二层汇聚，提高以太通道的带宽利用率；可实现波长/各种子波长业务的疏导，实现波长/子波长专线业务接入；可实现带宽点播、光虚拟专网等，从而可实现带宽运营。从组网上看，还可重整复杂的城域传输网的网络结构，使传输网络的层次更加清晰。

专有网络的建设：随着企业网应用需求的增加，大型企业、政府部门等，也有了大颗粒的电路调度需求，而专网相对于运营商网络光纤资源十分贫乏，OTN 的引入除了增加了大颗粒电路的调度灵活性，也节约了大量的光纤资源。

在城域网接入层，随着宽带接入设备的下移，ADSL2+/VDSL2 等 DSLAM 接入设备将广泛应用，并采用 GE 上行；随着集团 GE 专线用户不断增多，GE 接口数量也将大量增加。ADSL2+设备离用户的距离为 500～1000m，VDSL2 设备离用户的距离以 500m 以内为宜。大量 GE 业务需传送到端局的 BAS 及 SR 上，采用 OTN 或 OTN+OCDMA-PON 相结合的传输方式是一种较好的选择，将大大节省因光纤直连而带来的光纤资源的快速消耗，同时可利用 OTN 实现对业务的保护，并增强城域网接入层带宽资源的可管理性及可运营能力。

4) 发展趋势

OTN 对于应用来说是新技术，但其自身的发展已有多年的历史，已趋于成熟。ITU-T 从 1998 年就启动了 OTN 系列标准的制订，到 2003 年主要标准已基本完善，如 OTN 逻辑接口 G.709、OTN 物理接口 G.959.1、设备标准 G.798、抖动标准 G.8251、保护倒换标准 G.873.1 等。另外，针对基于 OTN 的控制平面和管理平面，ITU-T 也完成了相应主要规范的制定。

除了在标准上日臻完善之外，近几年 OTN 技术在设备和测试仪表等方面也进展迅速。主流传送设备商一般都支持一种或多种类型的 OTN 设备。另外，主流的传送仪表商一般都可提供支持 OTN 功能的仪表。

随着业务高速发展的强力驱动和 OTN 技术及实现的日益成熟，OTN 技术已局部应用于试验或商用网络。在美国和欧洲，比较大的网络运营商如 Verizon、德国电信等都已经建立了 G.709 OTN 网络，作为新一代的传送平台。预计在未来几年内，OTN 将迎来大规模的发展。

国外运营商对于传送网络的 OTN 接口的支持能力一般已提出明显需求，而实际的网络应用当中则以 ROADM 设备形态为主，这主要与网络管理维护成本和组网规模等因素密切相关。国内运营商对于 OTN 技术的发展和应用也颇为关注，从 2007 年开始，中国电信、原中国网通和中国移动集团等都已经开展了 OTN 技术的应用研究与测试验证，而且部分省内网络也局部部署了基于 OTN 技术的传送试验网络，组网节点有基于电层交叉的 OTN 设备，也有基于 ROADM 的 OTN 设备。由于 ROADM 相对于当前的维护体系来说维护成本较高，所以 ROADM 仅仅在部分运营商进行了小范围实验使用，而基于电层交叉的 OTN 设备已经大规模商用于中国移动、电信、联通、广电等各大运营商，以及南方电力、中国石化等大型专网。

作为传送网技术发展的最佳选择，可以预计，在不久的将来，OTN 技术将会得到更广泛应用，成为运营商营造优异的网络平台、拓展业务市场的首选技术。

## 2.2　综合数据网设备

1. 以太网交换机概述

交换机是组成计算机网络的基础设备，交换机将计算机、服务器及其他网络设备连接在一起组成局域网，用交换机构建的局域网称为交换式局域网，交换式局域网的数据传输效率较高，已经取代了早期的共享式局域网，被广泛应用于各种类型多媒体数据的传输。目前常用的交换机都遵循以太网协议，称之为以太网交换机，如图 2-32 所示。

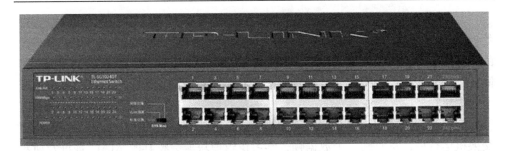

图 2-32 以太网交换机外观图

**2. 交换机的组成**

交换机通常由控制系统、交换矩阵和网络接口电路三大部分组成。网络接口电路通过内部总线挂接到交换矩阵上，控制系统根据数据帧中的目的 MAC 地址，将从一个接口上接收到的数据通过交换矩阵转发到另一个接口上。

交换机的控制系统包括中央处理器(CPU)、存储器和软件。其中，软件主要包括自举引导程序、操作系统和配置数据文件等；存储器主要有以下几种类型：只读存储器(ROM)、随机存取存储器(RAM)、非易失性随机存储器(NVRAM)、闪存(Flash Memory)。

**3. 交换机的工作原理**

交换机工作于 OSI 网络参考模型的第二层数据链路层，基于介质访问控制(media access control, MAC)地址识别、完成以太网数据帧转发。其逻辑结构如图 2-33 所示。

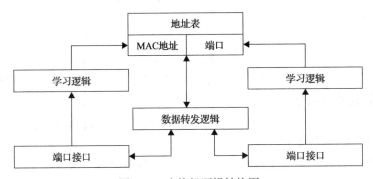

图 2-33 交换机逻辑结构图

端口接口：交换机上用于连接计算机或其他设备的插口称作端口。计算机借助网卡通过网线连接到交换机的端口上。网卡、交换机和路由器的每个端口都具有一个 MAC 地址，由设备生产厂商固化在设备的 EPROM 中。MAC 地址由 IEEE 负责分配，每个 MAC 地址都是全球唯一的。MAC 地址是长度为 48 位的二进制码，前 24 位为设备生产厂商标识符，后 24 位为厂商自行分配的序号。

数据转发逻辑：交换机在端口上接收计算机发送过来的数据帧，根据帧头中的目的 MAC 地址查找 MAC 地址表，如果找到对应的记录，且目的端口与数据帧的来源端口不同，就转发数据帧到目的端口；若目的端口与数据帧的来源端口相同，则丢弃该帧；如果在 MAC 地址表中找不到相应的记录，则将数据帧广播至所有端口。

学习逻辑：是用于建立地址表的机构。交换机刚加电时，地址表为空的，在交换机运行后，每收到一个数据帧，学习逻辑模块就会将其源 MAC 地址及所对应的端口添加到地址表中。

地址表：包含两个字段，即连接的设备的 MAC 地址与其所使用的交换机端口号。

交换机的工作过程可以概括为"学习、记忆、接收、查表、转发"等几个方面：通过"学习"可以了解到每个端口上所连接设备的 MAC 地址；将 MAC 地址与端口编号的对应关系"记忆"在内存中，生成 MAC 地址表；从各端口"接收"到数据帧后，在 MAC 地址表中"查找"与帧头中目的 MAC 地址相对应的端口编号，然后，将数据帧从查到的端口上"转发"出去。

（1）建立 MAC 地址表。每台交换机都会生成并维护一个 MAC 地址表。刚开机或重新启动时，交换机的 MAC 地址表是空的。每个以太数据帧的帧头中都包含了该数据帧的目的 MAC 地址和源 MAC 地址。当从某端口上接收到数据帧时，交换机通过读取帧头中的源 MAC 地址，就学习到了连接在该端口上的设备的 MAC 地址。然后，交换机将该 MAC 地址和端口的编号对应起来，添加到 MAC 地址表中。按照这种方式，交换机在开机运行很短的一段时间内即可以学习到大部分端口所对应的 MAC 地址。

（2）转发以太数据帧交换机从某个端口上接收到数据帧时，通过解析数据帧头得到目的 MAC 地址，然后在 MAC 地址表中查找目的 MAC 地址所对应的端口编号，找到后将数据帧从该端口上发送出去。如果在 MAC 地址表中没有相匹配的条目，交换机则将数据帧发送到除接收端口以外的所有端口。一般情况下，目的主机接收到数据帧后会应答源主机，交换机在转发回传数据帧时会学习到目的主机所连接的端口并添加到 MAC 地址表中。

（3）MAC 地址表的维护和更新。每当接收到数据帧时交换机都会检查源 MAC 地址是否存在于 MAC 地址表中，如果没有则把它添加进来。随着时间的增加，MAC 地址表中的条目就会越来越多。由于交换机的内存是有限的，不能记忆无限多的条目，为此设计了一个自动老化定时（auto-aging time）机制：如果某个 MAC 地址在一定时间之内（默认值一般为 300s）不再出现，那么，交换机将把该 MAC 地址对应的条目从地址表中删除。删除之后，如果该 MAC 地址再次出现，交换机会把它当作新的条目重新记录到 MAC 地址表中。

　　由于地址表保存在交换机的内存中，因此，当交换机断电或重新启动时，地址表中的内容将全部丢失，交换机会重新开始学习。

　　4. 交换机的功能

　　交换机是构建交换式局域网必不可少的关键设备，其主要功能有以下四个方面。

　　(1)连接设备交换机最主要的功能就是连接计算机、服务器、网络打印机、网络摄像头、IP电话等终端设备，并实现与其他交换机、无线接入点、路由器等网络设备的互联，从而构建局域网，实现所有设备之间的通信。作为局域网的核心与枢纽，交换机的性能决定着局域网的性能，交换机的带宽决定着局域网的带宽。交换机与终端设备及其他网络设备的连接如图2-34所示。

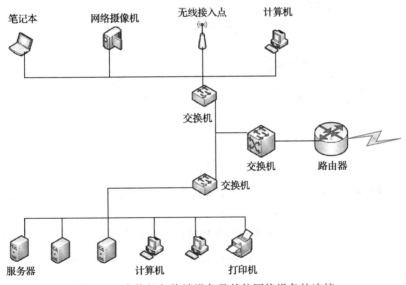

图2-34　交换机与终端设备及其他网络设备的连接

　　(2)端口带宽的独享。集线器组成的共享式以太网中，不管集线器有多少个端口，所有端口都是共享一条带宽，在同一时刻只能有两个端口传送数据，其他端口只能等待，当两台计算机同时发送数据时就会产生"碰撞"，发送失败，只能稍后再试，不断地进行碰撞检测浪费了时间，因此共享式以太网是一个低效率的网络。而由交换机组成的交换以太网中，交换机只把数据帧转发到目的主机所在的端口，而不是将数据帧发送到交换机上的所有端口，因此，其他端口不受影响，可独立地进行各自的通信。在同一时刻可进行多个端口对之间的数据传输，每一端口都是一个独立的"碰撞"域，连接在其上的网络设备独自享有全部的带宽，无需同其他设备竞争使用，即端口带宽的独享。

　　(3)识别MAC地址，并完成封装转发数据包。交换机可以识别MAC地址，并把其存放在内部地址表中，通过在数据帧的始发者和目标接收者之间建立临时的交换路径，使数据帧直接由源地址到达目的地址。

(4)网络分段。使用带 VLAN 功能的交换机可以把网络"分段"，通过对照地址表，交换机只允许必要的网络流量通过交换机。通过交换机的过滤和转发，分割通信量，使前往给定网段的某主机的数据包不至于传播到另一个网段上，这样可以有效的隔离广播风暴，减少错帧的出现、避免共享冲突，如图 2-35 所示。

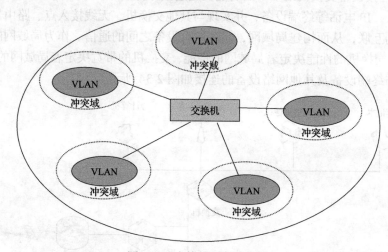

图 2-35　交换机隔离冲突域

以太网交换机的分类交换机种类繁多，性能差别很大，可根据其性能参数、功能以及用途等为标准进行分类，以便于根据实际情况合理选用。

根据交换方式分类根据交换机在源和目的端口间传送数据包时所采用的交换方式的不同，可以将交换机分为直通式交换机、存储转发式交换机和无碎片直通式交换机。

(1)直通式交换机是指交换机接收数据帧时，只检查其帧头的前几个字节，只要识别出了目的 MAC 地址，通过地址表确定相应的输出端口就开始数据转发，而不必等到接收完整数据帧。因为只检查数据帧的前几个字节，故该方式的优点是延时小，缺点是无法检查数据帧的完整性，不能过滤掉存在错误的数据帧，并且不支持输入、输出端口异速网络。

(2)存储转发式交换机的控制器先缓存输入端口的整个数据帧，然后进行CRC 校验，若发现帧中存在错误则丢弃，若无错误则取出目的 MAC 地址，通过查询地址表确定目的端口后进行转发。因需要接收完整的数据帧并进行校验，故该方式在处理数据帧时延迟时间比较长，但可以过滤掉存在错误的数据帧，解决因转发错帧而浪费带宽的问题，并且能支持不同速度的输入、输出端口间的交换。

(3)无碎片直通式交换机碎片是指在信息发送过程中由于冲突等原因而产生

的残缺不全的帧，长度小于 64 字节。无碎片直通是指交换机检查数据帧的长度是否够 64 字节，若小于 64 字节，说明是碎片，则丢弃该帧，若大于 64 字节，则转发该帧。无碎片转发可以过滤掉大多数碎包，节省带宽，提高了效率，延时性能介于直通转发和存贮转发之间。

根据外形尺寸划分按照外形尺寸和安装方式，可将交换机划分为机架式交换机和桌面式交换机。

(1)机架式交换机。机架式交换机是指几何尺寸符合 19 英寸的工业规范，可以安装在 19 英寸机柜内的交换机。该类交换机以 16 口、24 口和 48 口的设备为主流，适合于大中型网络。由于交换机统一安装在机柜内，因此，既便于交换机之间的连接或堆叠，又便于对交换机的管理。图 2-36 所示为 Cisco Catalyst 机架式交换机。

图 2-36 Cisco Catalyst 机架式交换机

(2)桌面式交换机。桌面式交换机是指几何尺寸不符合 19 英寸工业规范，不能安装在 19 英寸机柜内，而只能直接放置于桌面的交换机。该类交换机大多数为 8～16 口，也有部分 4～5 口的，仅适用于小型网络。当不得不配备多个交换机时，由于尺寸和形状不同而很难统一放置和管理。图 2-37 所示为 Cisco Catalyst 2940 桌面交换机。

图 2-37 Cisco Catalyst 2940 桌面交换机

根据端口速率划分以交换机端口的传输速率为标准，可以将交换机划分为快速以太网交换机、千兆以太网交换机和万兆以太网交换机。

(1)快速以太网交换机。快速以太网交换机的端口的速率全部为 100Mbit/s,大多数为固定配置交换机,通常用于接入层。为了避免网络瓶颈,实现与汇聚层交换机高速连接,有些快速以太网交换机会配有少量(1～4 个)1000Mbit/s 端口。

快速以太网交换机接口类型有:①100Base-TX 双绞线端口;②100Base-FX 光纤端口。图 2-38 所示为 Cisco Catalyst 2950 快速以太网交换机。

图 2-38    Cisco Catalyst 2950 快速以太网交换机

(2)千兆以太网交换机。千兆以太网交换机的端口和插槽全部为 1000Mbit/s,通常用于汇聚层或核心层。千兆以太网交换机的接口类型主要有:1000Base-T 双绞线端口;1000Base-SX 光纤端口;1000Base-LX 光纤端口;1000Mbit/s GBIC 插槽;1000Mbit/s SFP 插槽。为了增加应用的灵活性,千兆交换机上一般会配有 GBIC(giga bitrates inter face converter)或 SFP(small form pluggable)插槽,通过插入不同类型的 GBIC 或 SFP 模块(如 1000 Base-SX、1000 Base-LX 或 1000 Base-T 等),可以适应多种类型的传输介质。图 2-39 所示为 Cisco Catalyst 3750 系列千兆以太网交换机。

图 2-39    Cisco Catalyst 3750 系列千兆以太网交换机

(3)万兆以太网交换机。万兆以太网交换机是指交换机拥有 10Gbit/s 以太网端口或插槽,通常用于汇聚层或核心层。万兆接口主要以 10Gbit/s 插槽方式提供,图 2-40 所示为 Cisco Catalyst 6500 系列交换机的 10Gbit/s 接口模块。

根据交换机结构的不同,可以划分为固定配置交换机和模块化交换机。

(1)固定配置交换机的端口数量和类型都是固定的,不能更换和扩容,无论从可连接的用户数量上还是从可使用的传输介质上,均有一定的局限性,但固定配置交换机价格通常比较便宜。图 2-41 所示为 Cisco Catalyst 3560 系列固定端口交换机。

图 2-40　Cisco 交换机 10Gbit/s 接口模块

图 2-41　Cisco Catalyst 3560 交换机

(2)模块化交换机提供了较大的灵活性和可扩充性,提供多个插槽,用户可根据实际需要插入不同数量、不同速率和不同接口类型的模块,以适应不断发展变化的网络需求。模块化交换机大都有较高的性能(背板带宽、转发速率和传输速率等)和容错能力,支持交换模块和电源的冗余备份,可靠性较高,通常用作核心交换机或骨干交换机。

交换引擎是模块化交换机的核心部件,交换机的 CPU、存储器及其控制功能都包含在该模块上。如图 2-42 所示为 Cisco Catalyst 4503 模块化交换机,交换引擎位于最上面的模块,下面的两个模块为业务板(也称为线卡)。

图 2-42　Cisco Catalyst 4503 模块化交换机

（3）根据所处的网络位置划分根据在网络中所处的位置和担当的角色，可以将交换机划分为接入层交换机、汇聚层交换机和核心层交换机，如图 2-43 所示。

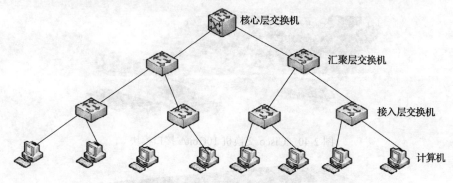

图 2-43　不同网络层次的交换机

　　根据工作的协议层次划分根据能够处理的网络协议所处的协议层的不同，可以将交换机划分为第二层交换机、第三层交换机和第四层交换机。

　　（1）第二层交换机。所有的交换机都能工作在第二层。第二层交换机只能工作在数据链路层，根据数据链路层的 MAC 地址完成不同端口间的数据交换，它只能识别数据帧中的 MAC 地址，通过查找 MAC 地址表来转发该数据帧，属于最原始和最基本的交换技术。第二层交换虽然也能划分子网、限制广播、建立 VLAN，但它的控制能力较弱、灵活性不够，也无法控制流量，缺乏路由功能，因此只能充当接入层交换机。Cisco 的 Catalyst 2950、2960、2970 和 500Express 系列，以及安装 SMI 版本 IOS 系统的 Catalyst 3550、3560 和 3750 系列，都是二层交换机。

　　（2）第三层交换机。第三层交换机有时又称为路由交换、多层交换，除具有数据链路层功能外，还具有第三层路由功能，能识别 IP 层的信息，将 IP 地址信息用于网络路径选择，并能够在不同网段间实现数据的交换。当网络规模足够大，以至于不得不划分 VLAN 以减小广播所造成的影响时，VLAN 之间无法直接通信，可以借助第三层交换机的路由功能，实现 VLAN 间的通信。在大中型网络中，核心层交换机通常都由第三层交换机充当，某些网络应用较为复杂的汇聚层交换机也可以选用第三层交换机，可以大大增强不同 VLAN 间通信的效率。第三层交换机拥有较高的处理性能和可扩展性，决定着整个网络的传输效率。Cisco 的 Catalyst 4000、4500、4900 和 6500 系列交换机，以及安装 EM-版本 IOS 系统的 Catalyst 3550、3560 和 3750 系列，都是三层交换机。

　　（3）第四层交换机。第四层交换机具有检查 TCP 或 UDP 连接的源或目的端口的功能，根据端口号来区分数据包的应用类型并转发数据，实现各类应用数据流量的分配和均衡。第四层交换机一般部署在应用服务器群的前面，将不同的应用请求直接转发到服务器对应的端口，从而实现对不同应用的高速访问，优化网络应用性能。Cisco Catalyst 4500、4900 和 6500 系列交换机都具有第四层交换机的特性，图 2-44 为 Cisco Catalyst 4500 系列交换机。

图 2-44　Cisco Catalyst 4500 系列交换机

根据能否被管理为标准，可以将交换机划分为智能交换机与傻瓜交换机。

(1)智能交换机。拥有独立的网络操作系统 IOS，可以对其进行人工配置和管理的交换机称为智能交换机。智能交换机上有一个"CONSOLE"端口，位于交换机的前面板或背面。大多数交换机 Console 端口采用 RJ-45 连接。

(2)傻瓜交换机。不能进行人工配置和管理的交换机，称为傻瓜交换机。傻瓜交换机价格便宜，被广泛应用于低端网络(如学生机房、网吧等)的接入层。

## 2.3　通信电源设备

### 2.3.1　通信电源系统的组成

1. 交流市电流的接入

在电力系统变电站中主要的电源设备及设施包括：交流市电供电线路、站内高低压变电站设备、不间断电源设备(通信电源/UPS)、蓄电池组、交流配电系统、直流配电系统、集中监控系统等，如图 2-45 所示。在通信设备内部通常根据内部板卡电路工作需要配有电源转换系统，即直流/直流变换(DC/DC)、直流/交流逆变(DC/AC)等。通信电源是指对通信设备供电的电源设备。通信电源是电力系统通信部门电源的主要组成部分。

电力系统通信部门的电源一般都由高压电网供给，为了提高供电可靠性，重要的通信枢纽局一般都由两个变电站专线引入两路高压电源，一路主用，另一路备用。电力系统通信站内都设有变电设备，室内安装有高、低压配电屏和降压变压器。使用这些变电、配电设备，将高压电源变为低压电源(三相380V)，最终供给通信电源系统和其他设备。

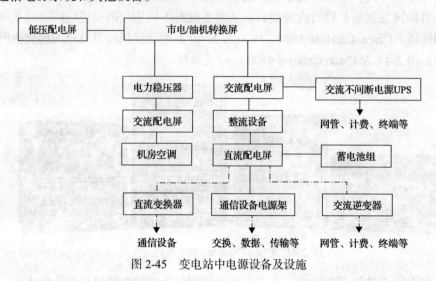

图 2-45　变电站中电源设备及设施

2. 不间断电源

通信电源系统必须不间断地为通信设备提供电源，而交流市电无法实现。我们要将可能中断的交流市电转换为不间断的电源对通信设备供电。有的通信设备使用直流电源，如交换机、SDH、微波设备、PCM 等通信设备。有的通信设备使用交流电源供电，如计算机服务器等设备。

1) 直流不间断电源系统

直流不间断电源系统示意图如图 2-46 所示。

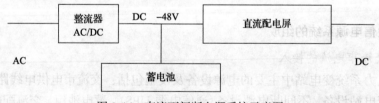

图 2-46　直流不间断电源系统示意图

设备正常工作时，使用交流市电提供能源。整流器的作用是将交流电转换为-48V 直流电，直流电输出一方面由直流配电屏分配给通信设备，另一方面给蓄电池组浮充充电，必要时可转换为均衡充电，确保蓄电池处于充满电的状态。当交流市电停电、整流器故障时，将由蓄电池组直接提供电源，确保通信设备供电正常。

2) 交流不间断电源系统 (UPS)

交流不间断电源系统示意图如图 2-47 所示。

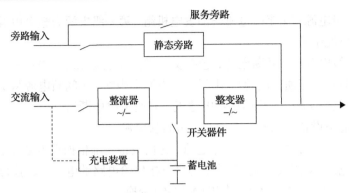

图 2-47  交流不间断电源系统示意图

市电正常时,交流不间断电源系统交流输出由市电经过整流和逆变供给(逆变工作状态)。当市电停电时,由蓄电池经过逆变以后提供;另外它有静态旁路和服务旁路,当设备过载或外部负载设备有瞬间短路时,设备会自动转为静态旁路供电(旁路工作状态);服务旁路一般只有在专业工程师维护时用到。通常,UPS 工作在逆变状态(也称为在线模式),在转为蓄电池供电时,切换时间为 0;UPS 旁路工作状态(也称为离线模式或经济模式)时,负载供电实际上由市电直接供给,因此效率高,但在市电停电转为蓄电池逆变供电时存在切换时间,切换时间小于 5ms,只有负载设备允许有 5ms 的切换时间时才能使用这个模式。

实现直流通信电源和交流 UPS 电源系统供电不间断,要靠蓄电池储蓄的能量来保证的。交流不间断电源系统(UPS)结构复杂,内部一般都是高压大电流,蓄电池的能量转换需要复杂的电路。直流通信电源的蓄电池直接与负载设备连接,没有任何转换电路,因此直流通信电源的可靠性要比交流 UPS 电源系统高。通信设备的供电通常都是以直流通信电源为主。

在通信电源中应注意三级防护。第一级防雷的目的:防止浪涌电压直接导入,将数万伏至数十万伏的浪涌电压限制到 2500～3000V。第二级防雷目的:进一步通过第一级防雷器的残余浪涌电压限制到 1500～2000V。第三级防雷的目的:最终保护设备的手段,将残余浪涌电压的值降低到 1500V 以内,使浪涌的能量不至于损坏设备。是否必须要进行三级防雷,应该根据被保护设备的耐压等级而定,假如两级防雷就可以做到限制电压低于设备的耐压水平,就只需做两级保护,假如设备耐压水平较低,可能要四级甚至更多级的保护。三级防雷是因为能量需要逐级泄放,对于拥有通信系统的建筑物,三级防雷是一种成本较低、保护较为充分的选择。

### 2.3.2  通信电源系统的分级

在通信电源系统中,根据功能和转换关系,可将电源系统分为三个部分:

（1）第一级电源：交流市电或柴油发电机组。第一级电源为整个电源系统提供能源，但有可能中断。

（2）第二级电源：不间断电源，包括交流不间断电源系统（UPS）和直流不间断电源系统（-48V 直流通信电源），用于确保电源不中断。不间断电源从交流市电或柴油发电机组获得能源，并连接蓄电池组，在交流电中断后，由蓄电池组提供能源，确保向通信设备提供不间断的交流或直流电源。

（3）第三级电源：通信设备内部电源。通信设备内部根据板卡电路需要，将输入的不间断电源（交流或直流）再转换为可直接供给电路的电源。转换形式主要有直流/直流（DC/DC）变换、交流/直流（AC/DC）变换。

通信电源分级示意图如图 2-48 所示。

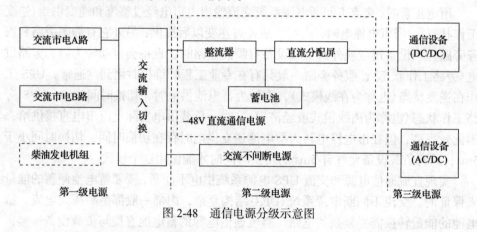

图 2-48　通信电源分级示意图

### 2.3.3　通信设备对通信电源的要求

#### 1. 可靠性要求

通信电源可靠性是指在任何情况下都不允许输出有任何中断或停电的故障发生。现今通信设备已经非常先进，数据传输速率也非常高，任何因通信电源输出中断而引起的通信传输中断，都会带来巨大的经济损失，所以在任何情况下必须保证通信设备不发生故障停电或瞬间中断。可靠性要求是通信设备对通信电源最基本的要求。

#### 2. 稳定性要求

因为通信设备的高精度、高数据传输率，所以对通信电源提供的输出电压质量要求非常高，输出质量用稳压精度、纹波系数、杂音电压等一系列参数来表示。这些指标都应低于允许值，否则轻则影响通信设备的正常数据传输，重则导致通信中断或损毁通信设备。

3. 小型智能化要求

随着大功率电子器件、微电脑控制技术的发展，通信电源由早期的相控电源发展到目前的高频开关电源，并具有大功率、小体积、智能化程度高、便于运行管理和故障维护等特点。

4. 高效率要求

早期相控电源的效率仅为 70%，大量的能耗都转化了热量，既浪费了能源，又造成设备的故障率较高。现如今，通信设备的高频开关技术、零电压及零电流切换技术等都降低了整流模块自身的损耗，提高了转换效率(可达到 90%以上)。效率的提高不仅可以节省能源，更重要的是效率的提高意味着故障率的降低。

# 3 电力通信系统网络管理系统

## 3.1 电力通信系统综合网络管理系统介绍

### 3.1.1 电力通信网络管理系统概述

目前的电力通信网的网络管理(简称网管)系统主要是针对设备管理的网元级管理系统和分专业分厂商的网络级专业管理系统。综合网管系统通过一个网管工作站对互连的异构网络实施各种监控和管理功能,实现全网故障预警、故障分析和定位、运维辅助决策分析、全网性能综合分析等高级管理功能,从总体上提高全网综合管理水平和管理效果。

从结构划分,电力通信系统综合网管是介于下级网管和上层运营支撑的中间环节,不仅可以为上层的应用提供统一的接口服务,还能让用户能站在全网的角度实施对网络的管理。

综合网管的作用如下:

(1)为上层运营支撑系统提供设备相关的基础数据和设备管理服务;

(2)通过下级网管系统,实现对全网设备的集中监视、管理和维护;

(3)为资源管理系统提供统一的设备配置信息;

(4)为电子运维系统提供网络故障告警信息;

(5)为经营分析系统提供统计分析的原始资料。

考虑到以上因素,针对电力通信综合网络管理系统的设计应遵循如下原则:

1)综合网管系统管理体系结构

网络管理是一个巨大、复杂的工程,涉及面广,难度大。国内的公网和一些通信专网采用 TMN 技术来构建网管系统,电力通信网中广泛使用的 SDH 等传输技术也支持 TMN 定义的管理信息模型,因此采用 TMN 体系结构实现电力通信综合网管系统是可行的。

2)综合网管系统的可扩展性

综合网管实际中面临各种制式的通信网络和不同厂商的通信设备的接入问题。由于 TMN 网管系统所支持的标准接口具有局限性,很多通信设备或系统并不支持 TMN 接口,因此需要增加协议转换器将设备上的接口转换成统一的标准接口,才能将这些设备接入到网管系统中。同时,考虑到网管系统的经济性,建立综合接入网管系统是经济可行的。网管系统除采用 TMN 体系之外,还应关注和不断吸纳新的网络管理概念和技术,以弥补 TMN 技术本身的不足。

3)综合网管系统的兼容性

考虑到技术经济效益的因素，综合网管系统的设计应符合《电力通信网监控系统技术规范》《电力通信网监测系统数据采集层传输规约》《电力通信网检测系统计算机数据通信应用层协议》《通信电源和计算机集中监控系统新协议》等协议和规范的要求；应用软件应遵循《计算机软件开发规范》等有关国家、国际标准；硬件设备技术性应满足 ITU-T 的电信管理网 TMN 的标准和颁布的有关规定，即综合网管系统的设计在采用 TMN 标准的同时，还应兼顾相关的国家标准及电力行业的有关标准，以解决 TMN 接口单一的问题。除此之外还应兼顾事实上的标准，例如世界范围内应用最广泛的 TCP/IP 网络所采用的 SNMP 标准，以获得更优秀的技术经济效益。

4)综合网管系统的开放性

由于电力通信网采用按行政区域进行运行维护以及管理和维护分离的管理方式，导致各级管理用户对于管理系统功能的要求有很大的区别，为了更好地满足用户需求，就要求网管系统不仅能够根据用户需求进行产品功能的定制开发，而且还要求应用软件接口具有开放性，支持第三方程序以及进行功能扩展等。

5)综合网管系统的稳定性

为了实现综合网管系统的稳定性，一般情况下，重要的部位采用热备用方式，在电力通信综合网管系统中可考虑选用双网络、双服务器，以保证系统的高可靠性。网管系统应实现电力通信网的一体化管理，即用统一的管理操作界面去操作控制不同型号、厂家的同类功能设备，使得综合网管可以在同一个平台、界面上监视、处理网络告警，控制网络运行。

6)综合网管系统的独立性

综合网管系统应具有独立性，不依赖于某个设备制造厂商，并公平有效地支持所有厂商网管系统平台具有自诊断能力，对网管系统应用程序、数据库及构成网管系统的网络设备可以进行自诊断和自复位功能。

7)综合网管系统的易用性

综合网管系统能够提供一个图形用户界面，通过它可以直接查看网络各个层次的拓扑结构图示，还可以建立不同层次拓扑图之间的逻辑联系。将图形上的元素及元素的组合定义成图形对象，将图形对象与它所表示的数据对象、实际的通信设备串联起来，实现实物、数据、表示界面的统一。

## 3.1.2  网管部署方式

针对不同的网络规模和复杂度，选择不同的网管系统部署方式。常用的三种网管系统部署方式分别为：集中式部署、分层式部署和分布式部署，每种部署方式在不同的应用环境下具有相应的优点。

1)集中式部署

集中式网络管理模式是所有的网管代理在管理站的监视和控制下，协同工作实现集成的网络管理。

其优点是：

(1)有助于故障的发现和处理，以及判断不同告警或事件之间的关联性；

(2)结构简单、易操作，成本相对较低；

(3)管理地点的单一性和唯一性有利于从物理上保证系统的安全性，通过对网络管理工作站进行物理上的隔离及对访问权限进行设置提高系统的安全性。

不足之处在于：

(1)这种方式不具备容错性。将所有的网络管理功能均集中于一个网络管理站，一旦管理站故障或到管理站的连接中断，网管系统就会完全失效；

(2)对于大规模的复杂网络，很难实现有效的实时监控管理；

(3)所有管理信息的分析和交换都需要管理工作站的参与，一方面需要占用许多网络资源，造成通信的瓶颈；另一方面需要占用工作站大量的计算资源和存储资源，特别当网络规模不断扩大时，这种对网络管理站的过分依赖容易影响管理的实时性，甚至造成管理站的瘫痪。

2)分层式部署

由于集中式管理不大可能管理好覆盖区域大的网络，于是分层网络管理就应运而生，分层式网管模式一般由一个网络管理站和若干个管理域组成。在网络管理层次的顶端是网络顶级管理中心，接下来是次级管理中心，然后逐层划分，最后到每个联网的用户。除了顶级管理的层次之外，在网络管理的每一个层次，网络管理被划分为互不重叠的不同区域的范围，每个范围又分别属于上一层次管理中心，这样就构成了分层式网络管理模式。这种管理方法有效地解决了因网络跨地域给管理带来的负担，使每一层的网络管理都只负责有限的网络对象，大大减轻网络管理的负担。这种分层的网络管理结构可以使用客户机/服务器数据库技术。客户机不设立单独的数据库，而是通过网络访问中央服务器的数据库。由于中央服务器系统在层次结构中的重要性，需要对其进行冗余备份。

分层式的网管系统具有以下特点：

(1)可以充分考虑行业特点、网络规模、网络节点及带宽资源的分布情况合理划分相应的管理域；

(2)各区域的管理客户端可以分担部分网络管理任务，通过对管理信息的分析和过滤，有效减少与管理站服务器之间的信息交换量及管理站服务器的资源占用率；

(3)网络管理信息集中存储。

存在的缺点是：

（1）层次化的结构造成网络管理地点的分散化，在给数据采集造成一定困难的同时，也会使网络管理功能的实现过程复杂化，操作也不如集中式管理时那么简便；

（2）每个客户系统管理的设备列表需要在逻辑上预先定义并手工配置好，否则会使中央系统和客户系统或者两个客户系统监视和轮询同一个设备，造成多余的网络带宽资源消耗。

3）分布式部署

分布式系统结构结合了集中式和层次式这两种方案的特点，与集中式的单一平台或层次式的客户机/服务器平台的做法不同，分布式方案使用了多个对等平台，其中一个平台是一组对等网络管理系统的管理者，每个对等平台都有整个网络设备的完整数据库，使其可以执行多种任务并向中央系统报告结果。由于分布式部署是集中式和层次式方案的结合体，所以它具备两者的优点：

（1）可以在任意位置通过任意一台终端上获取所有的性能数据、告警、事件通告等网络状态信息数据；

（2）不依赖于单一的系统，网络管理任务分散；

（3）管理信息交换所需的带宽资源大大降低；

（4）系统的可扩展性好，运行维护成本低。

# 3.2　光传输网络管理系统

光传输网管是光纤通信传输网的管理中枢，主要负责对光传输网日常的运行、维护、实时监控、告警及数据记录与分析等，一般可分为网元级网管和网络级网管两种。

1）网元级网管

基于设备，不能对网络进行分层管理，且必须要设备之间有链路连接。网元级网管主要实现对某一具体设备配置管理、告警管理、性能管理和安全管理，管理角度与思路是基于网元设备的特点进行设计。

2）网络级网管

综合管理多设备、多业务，实现对网元设备和网元管理的分层管理，可以管理多个网元或子网级网管，实现多厂商设备的统一管理。网络级网管是基于网络的管理，管理的角度与思路都是基于网元之间的连接关系。

网络级网管具有三大优势：

（1）业务配置上方便。网络级网管可以做端到端的业务配置，操作者只需要配置业务起点和终点以及中间几个关键节点就可以，其余站点的配置和路由的计算都交给维护终端去做。而网元级网管来配置业务时，必须对业务的路由以及时隙进行规划，要对所有相关网元进行配置，配置工作量大。

（2）在业务维护上，网络级网管可以显示各个层次的业务的路由，同时显示各个网元的时隙配置情况，对业务关系的表达非常清晰，而网元级网管则做不到这一点。

（3）在监控范围上，网络级网管可以实现对整个网络的监控，便于集中管控和网络整体规划。网络级网管适于较大型和复杂网络，传统网元级网管缺乏对网络层监控的管理能力。因此，为实现传输网管集中必须使用网络级网管，解决多域混合融合统一管理问题，打破分层的管理模式，更好地满足电力通信网络由"垂直网络"向"扁平化网络"转移的管理要求。

## 3.3　综合数据网网络管理系统

数据通信网是骨干通信网中业务网的重要组成部分，数据通信网运行的可靠性与稳定性对于保障各类信息化业务的安全稳定运行至关重要。电力数据通信网可划分为综合数据网和调度数据网。其中，综合数据网主要承载变电站图像监控、高清会议视频、视频监控等电力三、四大区业务。调度数据网主要传输自动化业务，需要保证较高的可靠性。

综合数据网网管能够完成各类数据设备及其承载业务的监管，并实现相关数据图形化功能。目前主流的设备厂家均提供设备网管接入和网元直连接入两种接入方式。设备网管接入方式提供的接口类型各厂家各不相同，通常有 SNMP、CORBA 数据库、MQ 等，无国际、国家或行业标准可依；网元直连的接入方式通常采用国际标准 RFC 制定的统一标准，因此各厂家提供的接口类型基本相同，一般均包括 SNMP、SYSLOG、NETFLOW 和 TELNET。

数据通信网存在设备厂商较多、缺少统一的标准、管理范围广、管理难度大等特点。为保障数据通信网安全可靠运行，能够对整个数据通信网的运行状态进行监视，以确保故障发生能及时发现，在最短时间内将故障缺陷清除，避免生产运营受影响带来经济损失或事故的发生。结合上述情况，电力综合数据通信网网管应具备如下功能：

（1）告警监盘。通信调度人员需要一并对传输网、数据网等各网络的运行情况同时进行实时监视，及时发现和定位网络运行缺陷或故障，并启动故障缺陷处理工作。

（2）故障处理。对网络所出现的异常状况开展实时化监视，运用告警统计、定位、相关性分析以及远程通知等方式，从而利于网络管理人员快速采取相应举措，并且恢复网络的合理运转，其主要内容是设备告警与网络管理的自身报警。

（3）性能管理。对通信网之中网络单元性能数据开展实时化或者定时化采集，对于阶段性数据则应当实施综合性分析,并且为决策与网络分析进行性能方面的评价。相对于传输网,数据网可提供大量的性能指标供网管系统分析呈现。而且,由于数据网固有的工作模式,使得数据网的性能监视和性能预警更具有现实意义。

(4)流量分析。与传输网基于电路的带宽分配策略不同,数据网的带宽分配主要基于策略。为确保重要业务的带宽和质量,需要数据网运维人员配置合理的策略,并通过流量分析监测策略的实际运行效果。此外,对于异常流量的分析预警也是确保数据网安全稳定运行的重要手段之一。

(5)安全管理。运用控制信息之中的访问点以保障网络之中的各类敏感性信息。其功能包括数据安全管理、权限管理以及安全检测等各类功能。安全管理则是网络管理之中的重要功能之一。同时,对部分重点信息还要提供加密传输以及存储等功能进行合理的保护。

(6)拓扑管理。通过拓扑图等形式来展示被管理设施设备及其相互间链路之状态,并且提供子网和视图等形式对被管理者加以组织,从而展现出具体的网络结构。同时,拓扑管理还应当提供对被管理者实施全面维护和管理所开展的操作。

(7)配置管理。其是负责管理整个网络之中全部网络单元的具体配置数据、设备保障以及安装等功能。要通过图、文以及动画等方式分层展示配置的具体信息,而且还能编辑、统计并且输出上述数据等功能。

(8)数据库管理。能够对数据库进行备份,能够保存全部网络单元的数据信息。在需要时还可对数据库实施恢复,从而为网络管理系统的安全运转予以足够的保障。

## 3.4　SG-TMS 通信管理系统

随着电力通信网络规模不断发展,各类新技术、新设备大量应用,通信系统运行压力和安全风险也不断增大。为确保通信系统安全稳定运行,实现由以技术服务为核心向以业务支撑为核心的转变,国家电网公司统一部署建设了 SG-TMS 通信管理系统,实现电力通信网络资源管理、实时监视、运行管理、专业管理等功能,是电力通信网络及业务的全方位管理工具,为提升通信网络运行维护能力和管理水平提供了技术支撑。

SG-TMS 通信管理系统采用总部(分部)、省两级部署,总部(分部)、省、地市三级应用的物理架构,在国网信通公司和各区域分部集中部署跨区、跨省的骨干通信网管理系统,在省公司集中部署省内骨干通信网管理系统,地市公司通过远程终端使用省级部署的系统。各层级系统之间采用标准数据互联接口进行互联。兼顾考虑集中部署的高可靠性要求,SG-TMS 通信网管系统架构采用双机双网方式配置。系统内硬件配置按网段划分为数据交互、数据存储、应用服务、人机交互四类。数据交互使用高性能独立采集服务器，保证数据采集的高效与可靠性；系统数据采取基于 SAN(storage area network) 模式进行存储；根据不同应用的业务特性来配置相应的应用服务器群；人机工作站根据安全区统一配置，既可节省硬件投资，又能实现界面统一，实现最大化的资源共享。

SG-TMS 通信管理系统作为电力通信网管理系统的重要组成部分，主要具备以下功能：

1)资源管理

电力 SG-TMS 系统的资源管理功能包括对系统内部通信数据资源的管理，还包括对系统运行过程中各种通信网络、通信业务的整体性管理。在实践环节，SG-TMS 系统能够为用户提供对应的资源查询、资源配置管理、资源调动管理等功能，用户可以根据实际需要选用其中对应的功能选项，并根据自身需要对电力系统进行调整管理，达到良好的管理效果。其中资源查询能实现动态查询，还可以为用户提供不同角度不同条件下的查询业务，因此具有良好的实用性和适应性，能够满足用户的不同需求。资源查询还可以根据用户需要实现不同文档方式的输出，如文字、图片、表格等，因此能够全面满足用户的实际需要。对资源的配置管理能够根据系统运行过程中具体的数据信息实施对应的资源配置，并做好资源配置与系统管理的同步，从而达到及时准确的管理效果。资源信息管理可以提高系统内部各种通信资源的属性信息、连接信息等，为用户全面掌握系统运行情况带来便利。

2)实时监视

电力 SG-TMS 系统可以对电力系统实施全面的实时监控，在管理环节，SG-TMS 系统能够将电力系统运行过程中各种性能信息和告警信息进行收集整合，并将其综合到对应的界面上，方便管理者对其阅读和分析。此外，系统还可以自动对这些信息进行分析和监视，尤其是关注系统运行过程中告警信息的内容，通过对其进行分析及时做好预警处理，为系统的正常运行提供支持。SG-TMS 系统在处理预警信息过程中，能针对系统运行的整个环节做好相关处理，尤其是能针对电力系统的各个环节做好处理，包括数据传输、数据交换、信息接入、动力环境等，并根据实际情况对其进行分类，结合系统运行情况计算网络运行状态，利用相应网络工具将其信息传递到管理中枢。SG-TMS 系统还可以对电力系统运行过程中的主要业务实施电路监视，并针对电路运行过程中的各种情况进行控制，做好线路运行过程中的继电保护、稳定性控制、自动调控、配电自动化等内容，还可以针对线路故障进行针对性处理，确保线路管理能达到预期效果，并根据用户需要为其提供各种信息查询。

3)运行管理

SG-TMS 系统可以对电力系统的运行实施即时管理，尤其是针对电力系统运行过程中的故障进行及时检查，确保线路的运行平稳。在具体的实践环节，针对电力系统的运行管理，主要以调度、运行、检修为主要对象，并结合系统的整体运行效果对其进行针对性检查和管理，根据电力系统运行情况合理分配对应的故障检修和数据传输等操作，及时将系统运行信息上传到管理中枢，然后由系统对其进行整体分析，及时掌握系统运行过程中存在的问题，并及时做好预警处理。另一方面，针对电力系统的检修还可以根据通信设备的巡检维护和操作等实际情况合理开展，进而为线路管理的业务、方式等实现准确管理，并根据需要分析系统在一个时期内的整体运行情况，开展业务整体评判分析，做好其中的缺陷和故障处理，为电力系统的顺利运行做好支持。

## 3.5 动力环境监控系统

电力系统机房中部署了大量服务器、网络设备、存储设备和精密空调等电子设备，存在机房环境监测的类型和内容比较复杂等情况。另外，由于电力系统机房通常采用无人值守的方式，这些对机房动力环境监控提出了更高的标准。监测类型及监测内容如表 3-1 所示。

**表 3-1 监测信息表**

| 序号 | 监测类型 | 监测内容 |
| --- | --- | --- |
| 1 | 动力监测 | 机房的供电服务相关设备工况，例如市电设备、配电开关设备、UPS、蓄电池等的运行状态 |
| 2 | 环境监测 | 机房的运行环境相关状态，例如环境温度、环境湿度、内部水浸状态以及精密空调、风扇设备的工况等 |
| 3 | 安保监测 | 机房配置的红外监测装置、门磁系统、门禁系统和监控摄像头等 |
| 4 | 消防监测 | 机房内部的烟雾浓度、室内湿度、感知温度、水位情况等 |

常见的动力环境监控系统主要由传感器模块、自动控制模块、监控服务软硬件模块三部分组成。各系统模块功能说明如下。

(1)传感器模块，主要为根据现场机房实际环境与监控需求所部署的动力监测、环境监测、安保监测及消防监测传感器，包括红外传感器、温湿度传感器、烟雾浓度传感器、水位传感器和摄像头等，用于对机房环境中的温度、湿度、烟雾浓度、水位、漏水位置等进行实时监测，传感器模块除了需要配置各类环境感知的传感器硬件之外，需配置上传采集数据的通信模块。

(2)自动控制模块，包括硬件和软件两大类，其中自动控制硬件主要针对机房内部的各类电力设备、电源设备、精密空调设备等进行工况的采集、状态的远程控制等，这些自动控制硬件在部分设备中已经由厂商集成，其余的则需要配置自定义研发的监测和控制装置。对于通信设备、服务器主机等工况的采集，则需要开发对应的监控软件，获取其硬件和内部软件的运行状态，例如 CPU、内存、磁盘状态，数据库运行状态、网络通信状态等。自动控制模块中同样需要配置工况数据上报功能，以及控制指令下发的数据接收功能。

(3)监控服务软硬件模块，该模块是电力系统机房环境监测系统的功能核心，其中以控制软件的方式集成了监测数据分析、阈值管理、异常研判、告警管理、远程控制等功能服务，目标用户是机房的管理员用户。对于分散式的机房环境监控体系而言，此部分功能采用分散式的功能部署方式，而在一体化的机房环境监控体系中，此部分功能采用硬件和软件集成的方式，以一体化服务模型的方式进行实现。

# 3.6　常见网络管理系统告警及排查处置

## 3.6.1　中兴网络管理系统

### 1. 单板

#### 1) Power Fault（电源故障）

| 项目 | 描述 |
| --- | --- |
| 告警名称 | Power Fault（电源故障） |
| 告警级别 | 严重告警 |
| 告警分类 | 设备类告警 |
| 告警解释 | 二次电源输入有故障，网管上报电源故障告警 |
| 告警单板 | NCP |
| 告警指示 | |
| 告警原因 | ◆ 电源电缆连接不良<br>◆ 电源模块故障 |
| 处理方法 | ◆ 重新连接电缆<br>◆ 更换电源模块 |
| 备注 | |

#### 2) Board Fault（单板故障）

| 项目 | 描述 |
| --- | --- |
| 告警名称 | Board Fault（单板故障） |
| 告警级别 | 严重告警 |
| 告警分类 | 设备类告警 |

续表

| 项目 | 描述 |
| --- | --- |
| 告警解释 | 单板故障 |
| 告警单板 | NCP |
| 告警指示 | |
| 告警原因 | 单板故障 |
| 处理方法 | 更换单板 |
| 备注 | |

### 3) Board Out of Place（单板脱位）

| 项目 | 描述 |
| --- | --- |
| 告警名称 | Board Out of Place（单板脱位） |
| 告警级别 | 严重告警 |
| 告警分类 | 设备类告警 |
| 告警解释 | 此槽位网管作了单板配置，但该槽位没有检测到单板 |
| 告警单板 | NCP |
| 告警指示 | |
| 告警原因 | ◆ 该槽位未插单板<br>◆ 备板插针或单板插座故障，NCP 无法监测到单板的存在 |
| 处理方法 | ◆ 插入和配置类型相同的单板<br>◆ 仔细检查插针是否弯曲、折断，更换后备板或者单板 |
| 备注 | |

### 4) Expected Board Unavailable（应安板未安装）

| 项目 | 描述 |
| --- | --- |
| 告警名称 | Expected Board Unavailable（应安板未安装） |
| 告警级别 | 主要告警 |
| 告警分类 | 设备类告警 |
| 告警解释 | 该槽位网管未做单板配置，但该槽位监测到有单板存在 |
| 告警单板 | NCP |
| 告警指示 | |
| 告警原因 | 在网管尚未配置单板的槽位插入了单板 |
| 处理方法 | 将该单板拔出，或者在网管上配置和实际插入同类型的单板 |
| 备注 | |

### 5) Unknown Board Type（板类型未知）

| 项目 | 描述 |
| --- | --- |
| 告警名称 | Unknown Board Type（板类型未知） |
| 告警级别 | 主要告警 |
| 告警分类 | 设备类告警 |
| 告警解释 | 网管上该槽位做了单板配置，同时检测到槽位有单板存在。但此单板无法正确上报板类型的信息 |
| 告警单板 | NCP |
| 告警指示 | |
| 告警原因 | 单板插针或单板插座故障，导致此单板无法正常上报板类型 |
| 处理方法 | ◆ 重新插入单板<br>◆ 更换单板<br>◆ 更换单板槽位 |
| 备注 | |

### 6) Board Type Mismatch（板类型失配）

| 项目 | 描述 |
| --- | --- |
| 告警名称 | Board Type Mismatch（板类型失配） |
| 告警级别 | 严重告警 |
| 告警分类 | 设备类告警 |
| 告警解释 | 网管上该槽位做了单板配置，但该槽位插入的单板不是配置类型或者软硬件版本不同 |
| 告警单板 | NCP |
| 告警指示 | |
| 告警原因 | ◆ 网管配置和硬件版本不一致<br>◆ 单板自检故障<br>◆ 单板硬件故障<br>◆ NCP 和单板的通信不畅 |
| 处理方法 | ◆ 修改网管配置，使配置和硬件版本一致<br>◆ 复位单板<br>◆ 更换单板<br>◆ 复位 NCP 或者更换 NCP 板 |
| 备注 | |

7)Board Spanner Dislocation（单板扳手未到位）

| 项目 | 描述 |
|---|---|
| 告警名称 | Board Spanner Dislocation（单板扳手未到位） |
| 告警级别 | 主要告警 |
| 告警分类 | 设备类告警 |
| 告警解释 | 单板扳手没有固定到位，导致此告警 |
| 告警单板 | SCAV、CSEP |
| 告警指示 | |
| 告警原因 | ◆ 单板扳手没有按下去<br>◆ 扳手内部的微动开关结构件损坏 |
| 处理方法 | ◆ 将扳手使劲按下，使接良好<br>◆ 更换单板 |
| 备注 | |

8)Interface Unit Mismatch（接口板类型不匹配）

| 项目 | 描述 |
|---|---|
| 告警名称 | Interface Unit Mismatch（接口板类型不匹配） |
| 告警级别 | 严重告警 |
| 告警分类 | 设备类告警 |
| 告警解释 | 该告警表示单板期望的接口板类型与实际的接口板类型不匹配 |
| 告警单板 | 接口板 |
| 告警指示 | |
| 告警原因 | 接口板插错或未配置成单板 1∶N 保护中的保护板 |
| 处理方法 | 更换接口板 |
| 备注 | |

9)Interface Unit Out of Place（接口板不在位）

| 项目 | 描述 |
|---|---|
| 告警名称 | Interface Unit Out of Place（接口板不在位） |
| 告警级别 | 严重告警 |
| 告警分类 | 设备类告警 |
| 告警解释 | 该告警表示该单板期望的接口板不在位 |
| 告警单板 | NCP |
| 告警指示 | |

| 项目 | 描述 |
| --- | --- |
| 告警原因 | ◆ 忘插接口板<br>◆ 接口板没有插好 |
| 处理方法 | ◆ 插入正确的接口板<br>◆ 拨出接口板，并重新插入 |
| 备注 | |

### 10) Phase-Locked Loop Out of Lock（锁相环失锁）

| 项目 | 描述 |
| --- | --- |
| 告警名称 | Phase-Locked Loop Out of Lock（锁相环失锁） |
| 告警级别 | 一般告警 |
| 告警分类 | 设备类告警 |
| 告警解释 | 指示当前时钟板的锁相环无法锁定选定的时钟源或备用时钟板无法锁定主用时钟板时钟 |
| 告警单板 | CASV（时钟模块） |
| 告警指示 | |
| 告警原因 | ◆ 主用时钟板无法锁定的原因：当前时钟源时钟质量太差；主用时钟板有问题<br>◆ 备用时钟板无法锁定的原因：当前主用板的输出时钟质量太差；备用时钟板有问题 |
| 处理方法 | ◆ 更换当前选用的时钟源<br>◆ 更换相应的时钟板<br>◆ 查看主备用锁定状态是否一致可以判断是源还是时钟板的问题 |
| 备注 | |

### 2. 环境

### Alarm for External Events（外部事件告警）

| 项目 | 描述 |
| --- | --- |
| 告警名称 | Alarm for External Events（外部事件告警） |
| 告警级别 | 通知告警 |
| 告警分类 | 外部环境告警 |
| 告警解释 | 将机房环境告警通过设备的外部告警输入接口接入，告警具体名称网管可设 |
| 告警单板 | NCP |
| 告警指示 | |

续表

| 项目 | 描述 |
|------|------|
| 告警原因 | ◆ 机房环境异常<br>◆ 外部告警输入连接错误<br>◆ 网管外部告警输入设置错误 |
| 处理方法 | ◆ 检查机房环境是否正常<br>◆ 检查外部告警输入连接<br>◆ 网管重新正确设置 |
| 备注 | |

### 3. 温度
### Detecting Point Temperature Out of Limit（探测点温度超限）

| 项目 | 描述 |
|------|------|
| 告警名称 | Detecting Point Temperature Out of Limit（探测点温度超限） |
| 告警级别 | 一般告警 |
| 告警分类 | 设备类告警 |
| 告警解释 | 单板温度检测模块检测温度超过门限值 |
| 告警单板 | 单板 |
| 告警指示 | |
| 告警原因 | ◆ 风扇防尘网过脏<br>◆ 风扇运行不正常<br>◆ 网管设置的温度门限太低<br>◆ 在长期运行中单板可能温度检测异常 |
| 处理方法 | ◆ 清洗风扇防尘网<br>◆ 检查风扇电源，更换风扇<br>◆ 重新设置单板的温度门限<br>◆ 一般情况复位单板或拔插单板可以解决。若现场不具备复位或拔插单板的条件，可作为遗留问题。此时可通过在网管上查询本子架该单板临近槽位单板的温度值，来帮助作出判断，若其余单板的温度均在正常范围之内，可基本断定是该单板的温度检测功能出现问题，若多块单板的温度都普遍高，则风扇或者防尘网出问题的可能性比较大 |
| 备注 | |

### 4. 风扇板
### Fan Fault（风扇故障）

| 项目 | 描述 |
|------|------|
| 告警名称 | Fan Fault（风扇故障） |
| 告警级别 | 主要告警 |

续表

| 项目 | 描述 |
| --- | --- |
| 告警分类 | 设备类告警 |
| 告警解释 | 指示风扇故障 |
| 告警单板 | FAN |
| 告警指示 | |
| 告警原因 | ◆ 风扇故障<br>◆ 风扇电源没打开 |
| 处理方法 | ◆ 更换风扇板<br>◆ 打开风扇电源开关 |
| 备注 | |

5. 单板软件

Board Software Failure（单板软件运行不正常）

| 项目 | 描述 |
| --- | --- |
| 告警名称 | Board Software Failure（单板软件运行不正常） |
| 告警级别 | 严重告警 |
| 告警分类 | 设备类告警 |
| 告警解释 | 该告警表示单板支持状态异常 |
| 告警单板 | NCP |
| 告警指示 | |
| 告警原因 | ◆ BOOT 程序没有正常运行<br>◆ RAM 芯片不正常<br>◆ 运行程序出错<br>◆ 单板软件跑飞或死循环等<br>◆ 下载逻辑或者芯片自检失败<br>◆ 软件版本读不上来<br>◆ 单板芯片自检不过 |
| 处理方法 | ◆ 检查是否正确烧结了 BOOT 程序，BOOT 插座是否存在问题<br>◆ 重新插板再插入，检查是否正常，不能恢复的情况下检查 RAM 周围电路<br>◆ 检查单板上运行的为是否正确的应用程序版本<br>◆ 复位单板<br>◆ 检查单板上运行逻辑版本是否正确，确认逻辑版本无问题，问题仍然存在的话更换单板<br>◆ 更换单板 |
| 备注 | |

## 6. 背板
### 1) LOF (loss of frame，帧丢失)

| 项目 | 描述 |
| --- | --- |
| 告警名称 | LOF (loss of frame，帧丢失) |
| 告警级别 | 严重告警 |
| 告警分类 | 设备类告警 |
| 告警解释 | 该告警表示背板总线上接收到的信号帧定位错误 |
| 告警单板 | 交叉板、所有业务板 |
| 告警指示 | |
| 告警原因 | ◆ 时钟板故障<br>◆ 交叉板故障 |
| 处理方法 | ◆ 倒换到备用时钟板是否正常，复位或更换时钟板<br>◆ 倒换到备用交叉板是否正常，复位或更换交叉板 |
| 备注 | |

### 2) OOF (out of frame，帧失步)

| 项目 | 描述 |
| --- | --- |
| 告警名称 | OOF (out of frame，帧失步) |
| 告警级别 | 严重告警 |
| 告警分类 | 设备类告警 |
| 告警解释 | 该告警表示背板总线上接收到的信号帧定位错误 |
| 告警单板 | 交叉板、所有业务板 |
| 告警指示 | |
| 告警原因 | ◆ 时钟板故障<br>◆ 交叉板故障 |
| 处理方法 | ◆ 倒换到备用时钟板是否正常，复位或更换时钟板<br>◆ 倒换到备用交叉板是否正常，复位或更换交叉板 |
| 备注 | |

## 7. SDH 光口
### 1) LOS (loss of signal，信号丢失)

| 项目 | 描述 |
| --- | --- |
| 告警名称 | LOS (loss of signal，信号丢失) |
| 告警级别 | 严重告警 |
| 告警分类 | 通信告警 |

续表

| 项目 | 描述 |
|---|---|
| 告警解释 | 该告警指示在光物理层上发生中断,本端没有接收到对端送来的光信号 |
| 告警单板 | OL1、OL4、OL16、OL64 |
| 告警指示 | |
| 告警原因 | ◆ 本端光板上收光模块故障<br>◆ 对端光板上光发模块故障<br>◆ 外部光缆线路故障或断纤<br>◆ 尾纤、耦合器件故障<br>◆ 耦合程度不够或者收发关系错误 |
| 处理方法 | ◆ 更换本端光板<br>◆ 更换对端光板<br>◆ 处理光缆线路<br>◆ 更换尾纤或者耦合器件<br>◆ 保证耦合良好,改正收发关系<br>(对于光口 LOS 告警首先进行的就是硬件环回检测,如果本点环回检测告警性能正常,则本点光板没有问题,检查外部问题或对端问题;如果本点环回告警还在,肯定为本点光板问题) |
| 备注 | |

### 2)Unauthenticated Laser Module(光模块未认证)

| 项目 | 描述 |
|---|---|
| 告警名称 | Unauthenticated Laser Module(光模块未认证) |
| 告警级别 | 严重告警 |
| 告警分类 | 设备告警 |
| 告警解释 | 该告警指示光模块未经过厂商认证 |
| 告警单板 | OL1、OL4、OL16、OL64 |
| 告警指示 | |
| 告警原因 | ◆ 光模块上没有认证信息或认证信息错误<br>◆ 光模块故障 |
| 处理方法 | ◆ 更换为经过厂商论证的光模块<br>◆ 更换光模块 |
| 备注 | |

### 3)Laser Module Rate Mismatch(光模块速率不匹配)

| 项目 | 描述 |
|---|---|
| 告警名称 | Laser Module Rate Mismatch(光模块速率不匹配) |
| 告警级别 | 严重告警 |
| 告警分类 | 设备告警 |

续表

| 项目 | 描述 |
|------|------|
| 告警解释 | 光模块支持的速率等级和用户配置的光模块速率等级不匹配 |
| 告警单板 | OL1、OL4、OL16、OL64 |
| 告警指示 | |
| 告警原因 | 使用了速率等级不匹配的光模块 |
| 处理方法 | 更换光模块 |
| 备注 | |

### 4) Input Optical Power Out of Limit(输入光功率越限)

| 项目 | 描述 |
|------|------|
| 告警名称 | Input Optical Power Out of Limit(输入光功率越限) |
| 告警级别 | 主要告警 |
| 告警分类 | 服务质量告警 |
| 告警解释 | 该告警指示本板的光模块输入光功率过高或过低 |
| 告警单板 | OL1、OL4、OL16、OL64 |
| 告警指示 | |
| 告警原因 | ◆ 本端光板光纤松动或太紧<br>◆ 对端光板发送模块老化<br>◆ 光纤接头脏<br>◆ 光衰器件衰减太大或太小<br>◆ 检测故障 |
| 处理方法 | ◆ 调整本端光纤松紧度<br>◆ 更换对端发送模块或光板<br>◆ 更换光纤或清洗接头<br>◆ 更换为合适的光衰减器件<br>◆ 更换单板 |
| 备注 | |

### 8. SDH 电口

### LOS(loss of signal，信号丢失)

| 项目 | 描述 |
|------|------|
| 告警名称 | LOS(loss of signal，信号丢失) |
| 告警级别 | 严重告警 |
| 告警分类 | 通信告警 |
| 告警解释 | 该告警指示在 STM-1 电物理层上发生中断，本端没有接收到对端送来的信号 |

| 项目 | 描述 |
|------|------|
| 告警单板 | LP1 |
| 告警指示 | |
| 告警原因 | ◆ 外部线路故障或中断<br>◆ 本板物理端口故障<br>◆ 对端发送故障<br>◆ 收发接反 |
| 处理方法 | ◆ 处理线路故障<br>◆ 更换本端单板<br>◆ 更换对端单板<br>◆ 更改收发关系<br>(对于电口 LOS 告警首先进行的也是硬件环回检测，如果本点环回检测告警性能正常，则本点电板没有问题，检查外部问题或对端问题；如果本点环回告警还在，肯定为本点电板问题) |
| 备注 | |

## 9. PDH 电口（2M、34M/45M、140M）

### 1）LOS（loss of signal，信号丢失）

| 项目 | 描述 |
|------|------|
| 告警名称 | LOS（loss of signal，信号丢失） |
| 告警级别 | 严重告警 |
| 告警分类 | 通信告警 |
| 告警解释 | 该告警指示在 PDH 端口发生中断，本端没有接收到对端送来的信号 |
| 告警单板 | EPE1、EPT1、EP3 |
| 告警指示 | |
| 告警原因 | ◆ 外部线路故障或中断<br>◆ 本板接收故障<br>◆ 对端发送故障<br>◆ 收发接反 |
| 处理方法 | ◆ 处理线路故障<br>◆ 更换本端单板<br>◆ 更换对端单板<br>◆ 更改收发关系<br>(对于 PDH 电口 LOS 告警首先进行的也是硬件环回检测，如果本点环回检测告警性能正常，则本点 PDH 电板到 DDF 架这段电缆没有问题，检查外部问题或对端问题；如果本点环回告警还在，肯定为本点 PDH 电板或到 DDF 架这段电缆的问题) |
| 备注 | |

2) PDH AIS(alarm indication signal，告警指示信号)

| 项目 | 描述 |
|---|---|
| 告警名称 | PDH AIS(alarm indication signal，告警指示信号) |
| 告警级别 | 主要告警 |
| 告警分类 | 通信告警 |
| 告警解释 | 该告警指示在 PDH 端口接收到 AIS 信号 |
| 告警单板 | EPE1、EPT1、EP3 |
| 告警指示 | |
| 告警原因 | ◆ 外部线路故障或中断<br>◆ 本板接收故障<br>◆ 对端发送故障<br>◆ 收发接反<br>◆ 自环后，接收到的信号是随机信号，如随机出现全 1 信号则也会有该告警上报 |
| 处理方法 | ◆ 处理线路故障<br>◆ 更换本端单板<br>◆ 更换对端单板<br>◆ 更改收发关系<br>◆ 正常现象，开通电路后，则告警消失 |
| 备注 | |

10. 再生段 RS

1) LOF(loss of frame，帧丢失)

| 项目 | 描述 |
|---|---|
| 告警名称 | LOF(loss of frame，帧丢失) |
| 告警级别 | 严重告警 |
| 告警分类 | 通信告警 |
| 告警解释 | 该告警指示找不到正确的帧头信息，即找不到正确的 A1、A2 字节持续 3ms 以上 |
| 告警单板 | OL1、OL4、OL16、OL64、LP1 |
| 告警指示 | |
| 告警原因 | ◆ 对端光口发送信号故障<br>◆ 本点光板处理故障<br>◆ 本端光板接收到不同速率等级的光<br>◆ 时钟板故障<br>◆ 光纤接头脏<br>◆ 外部线路故障或尾纤、耦合器件问题导致光衰过大 |

| 项目 | 描述 |
| --- | --- |
| 处理方法 | ◆ 检查对端发信号与本点收连接线路好坏<br>◆ 更换本点单板或者光口<br>◆ 核实连接光路的速率等级，并连接正确的光路<br>◆ 更换时钟板<br>◆ 更换光纤或清洗接头<br>◆ 处理线路故障，调整或更换尾纤或耦合器件<br>（对于再生段 LOF 告警，首先进行的就是硬件环回检测，如果本点环回检测告警性能正常，则本点没有问题，检查外部问题或对端问题；如果本点环回告警还在，肯定为本点问题） |
| 备注 | |

## 2）OOF（out of frame，帧失步）

| 项目 | 描述 |
| --- | --- |
| 告警名称 | OOF（out of frame，帧失步） |
| 告警级别 | 严重告警 |
| 告警分类 | 通信告警 |
| 告警解释 | 该告警指示找不到正确的帧头信息，即连续 5 帧找不到正确的 A1、A2 字节 |
| 告警单板 | OL1、OL4、OL16、OL64、LP1 |
| 告警指示 | |
| 告警原因 | ◆ 对端光口发送信号故障<br>◆ 本点光板处理故障<br>◆ 本端光板接收到不同速率等级的光<br>◆ 时钟板故障<br>◆ 光纤接头脏<br>◆ 外部线路故障或尾纤、耦合器件问题导致光衰过大 |
| 处理方法 | ◆ 检查对端发信号与本点收连接线路好坏<br>◆ 更换本点单板或者光口<br>◆ 核实连接光路的速率等级，并连接正确的光路<br>◆ 更换时钟板<br>◆ 更换光纤或清洗接头<br>◆ 处理线路故障，调整或更换尾纤或耦合器件<br>（与 RS-LOF 的处理方法类似） |
| 备注 | |

## 3）SD（signal degrade，信号劣化）

| 项目 | 描述 |
| --- | --- |
| 告警名称 | SD（signal degrade，信号劣化） |
| 告警级别 | 主要告警 |

续表

| 项目 | 描述 |
|---|---|
| 告警分类 | 通信告警 |
| 告警解释 | 该告警指示再生段 B1 误码数超过了给定的 B1 的 SD 门限 |
| 告警单板 | OL1、OL4、OL16、OL64、LP1 |
| 告警指示 | |
| 告警原因 | ◆ 对端发送信号有误码<br>◆ 时钟板故障<br>◆ 光纤接头脏<br>◆ 外部线路故障或尾纤、耦合器件问题导致光衰过大 |
| 处理方法 | ◆ 检查对端发信号<br>◆ 更换时钟板<br>◆ 更换光纤或清洗接头<br>◆ 处理线路故障，调整或更换尾纤或耦合器件<br>（与 RS-LOF 的处理方法类似） |
| 备注 | |

4) TIM（trace identifier mismatch，跟踪标识失配）

| 项目 | 描述 |
|---|---|
| 告警名称 | TIM（trace identifier mismatch，跟踪标识失配） |
| 告警级别 | 主要告警 |
| 告警分类 | 通信告警 |
| 告警解释 | 该告警指示本点接收到的 J0 字节和期望值不匹配 |
| 告警单板 | OL1、OL4、OL16、OL64、LP1 |
| 告警指示 | |
| 告警原因 | ◆ 对端发送的 J0 值与本点期望接收值不一致<br>◆ 对端发送与本点的线路连接有问题 |
| 处理方法 | ◆ 修改对端发送的 J0 开销或者修改本点 J0 的期望值<br>◆ 检查连接通路，正确连接 |
| 备注 | |

5) EXC（excessive bit error ratio，误码率越限）

| 项目 | 描述 |
|---|---|
| 告警名称 | EXC（excessive bit error ratio，误码率越限） |
| 告警级别 | 主要告警 |
| 告警分类 | 通信告警 |
| 告警解释 | 该告警指示再生段 B1 误码数超过了给定的 B1 的 EXC 门限 |
| 告警单板 | OL1、OL4、OL16、OL64、LP1 |

续表

| 项目 | 描述 |
|---|---|
| 告警指示 | |
| 告警原因 | ◆ 对端发送信号有误码<br>◆ 时钟板故障<br>◆ 光纤接头脏<br>◆ 外部线路故障或尾纤、耦合器件问题导致光衰过大 |
| 处理方法 | ◆ 检查对端发信号<br>◆ 更换时钟板<br>◆ 更换光纤或清洗接头<br>◆ 处理线路故障，调整或更换尾纤或耦合器件<br>（与 RS-LOF 的处理方法类似） |
| 备注 | |

## 11. 复用段 MS

### 1) SD(signal degrade，信号劣化)

| 项目 | 描述 |
|---|---|
| 告警名称 | SD(signal degrade，信号劣化) |
| 告警级别 | 主要告警 |
| 告警分类 | 通信告警 |
| 告警解释 | 该告警指示复生段 B2 误码数超过了给定的 B2 的 SD 门限 |
| 告警单板 | OL1、OL4、OL16、OL64、LP1 |
| 告警指示 | |
| 告警原因 | ◆ 对端发送信号有误码<br>◆ 时钟板故障<br>◆ 光纤接头脏<br>◆ 外部线路故障或尾纤、耦合器件问题导致光衰过大 |
| 处理方法 | ◆ 检查对端发信号<br>◆ 更换时钟板<br>◆ 更换光纤或清洗接头<br>◆ 处理线路故障，调整或更换尾纤或耦合器件<br>（处理方法也与 RS-LOF 的处理方法类似，使用环回定位故障点） |
| 备注 | |

### 2) AIS(alarm indication signal，告警指示信号)

| 项目 | 描述 |
|---|---|
| 告警名称 | AIS(alarm indication signal，告警指示信号) |
| 告警级别 | 主要告警 |
| 告警分类 | 通信告警 |

续表

| 项目 | 描述 |
|------|------|
| 告警解释 | 该告警指示在复用段收到全"1"信号 |
| 告警单板 | OL1、OL4、OL16、OL64、LP1 |
| 告警指示 | |
| 告警原因 | 对端没有信号发送过来或者光纤中断 |
| 处理方法 | 检查本点接收信号<br>(处理方法也与 RS-LOF 的处理方法类似，使用环回定位故障点) |
| 备注 | |

### 3) RDI(remote defect indication，远端缺陷指示)

| 项目 | 描述 |
|------|------|
| 告警名称 | RDI(remote defect indication，远端缺陷指示) |
| 告警级别 | 主要告警 |
| 告警分类 | 通信告警 |
| 告警解释 | 该告警指示本点有远端的缺陷指示，本点到对端的发送信号中断 |
| 告警单板 | OL1、OL4、OL16、OL64、LP1 |
| 告警指示 | |
| 告警原因 | 本点到对端的发送信路故障 |
| 处理方法 | 检查本点的发送信号和对端的接收信号连接，并处理对端检测到的相应告警<br>(处理方法也与 RS-LOF 的处理方法类似，使用环回定位故障点) |
| 备注 | |

### 4) EXC(excessive bit error ratio，误码率越限)

| 项目 | 描述 |
|------|------|
| 告警名称 | EXC(excessive bit error ratio，误码率越限) |
| 告警级别 | 主要告警 |
| 告警分类 | 通信告警 |
| 告警解释 | 该告警指示复生段 B2 误码数超过了给定的 B2 的 EXC 门限 |
| 告警单板 | OL1、OL4、OL16、OL64、LP1 |
| 告警指示 | |
| 告警原因 | ◆ 对端发送信号有误码<br>◆ 时钟板故障<br>◆ 光纤接头脏<br>◆ 外部线路故障或尾纤、耦合器件问题导致光衰过大 |

续表

| 项目 | 描述 |
|------|------|
| 处理方法 | ◆ 检查对端发信号<br>◆ 更换时钟板<br>◆ 更换光纤或清洗接头<br>◆ 处理线路故障，调整或更换尾纤或耦合器件<br>（处理方法也与 RS-LOF 的处理方法类似，使用环回定位故障点） |
| 备注 | |

## 12. AU4、AU3、AU3-nC、AU4-nC

### 1）LOP（loss of pointer，指针丢失）

| 项目 | 描述 |
|------|------|
| 告警名称 | LOP（loss of pointer，指针丢失） |
| 告警级别 | 严重告警 |
| 告警分类 | 设备告警 |
| 告警解释 | 该告警指示高阶通道指针丢失故障 |
| 告警单板 | OL1、OL4、OL16、OL64、LP1 |
| 告警指示 | |
| 告警原因 | ◆ 对端发送到的信号即有该告警<br>◆ 交叉连接配置错误<br>◆ 时钟信号不同步<br>◆ 检测单板故障<br>◆ 时钟板故障<br>◆ 交叉板损坏<br>◆ 背板损坏 |
| 处理方法 | ◆ 检查业务所经过路径，确定告警首先出现的站点，并处理该站点的故障<br>◆ 检测交叉连接配置<br>◆ 检查时钟输入信号<br>◆ 更换检测单板<br>◆ 更换时钟板<br>◆ 更换交叉板<br>◆ 更换背板<br>（产生 AU4-LOP 告警的原因很多，处理原则为先检查该 AU 所路经的路由中有无 RS、MS 等更高级别的告警，在无更高级别告警的情况下，以该 AU 的一边上下业务的站点为检测点（看 2M 或者挂表等），逐段环回定位产生故障的源头站点，再使用更换可能的相关单板的方法来排除故障） |
| 备注 | |

## 2) AIS (alarm indication signal, 告警指示信号)

| 项目 | 描述 |
| --- | --- |
| 告警名称 | AIS (alarm indication signal, 告警指示信号) |
| 告警级别 | 严重告警 |
| 告警分类 | 设备告警 |
| 告警解释 | 该告警指示高阶通道层收到全"1"故障指示 |
| 告警单板 | OL1、OL4、OL16、OL64、LP1 |
| 告警指示 | |
| 告警原因 | ◆ 对端发送到的信号即有该告警<br>◆ 交叉连接配置错误<br>◆ 时钟信号不同步<br>◆ 检测单板故障<br>◆ 时钟板故障<br>◆ 交叉板损坏<br>◆ 背板损坏 |
| 处理方法 | ◆ 检查业务所经过路径，确定告警首先出现的站点，并处理该站点的故障<br>◆ 检测交叉连接配置<br>◆ 检查时钟输入信号<br>◆ 更换检测单板<br>◆ 更换时钟板<br>◆ 更换交叉板<br>◆ 更换背板<br>（与 AU-LOP 处理方法类似） |
| 备注 | |

## 13. TU12/TU11

### 1) TU12、TU11 LOP (loss of pointer, 指针丢失)

| 项目 | 描述 |
| --- | --- |
| 告警名称 | TU12、TU11 LOP (loss of pointer, 指针丢失) |
| 告警级别 | 紧急 |
| 告警分类 | 通信类告警 |
| 告警解释 | 该告警指示在低阶通道层发生中断，本端没有接收到对端送来的低阶电信号。连续检测到 8 个 NDF 或者连续 8 个无效指针的复帧 |
| 告警单板 | ET1、交叉板 |
| 告警指示 | 单板：红色告警指示灯长亮<br>网管：打开单板管理对话框，单板为红色且标识"C" |

| 项目 | 描述 |
|------|------|
| 告警原因 | ◆ 时隙配置错误<br>◆ 本端或者对端 ET1 板的个别支路有问题<br>◆ 交叉板故障 |
| 处理方法 | ◆ 检查时隙配置<br>◆ 更换 ET1 板<br>◆ 主备用切换，复位交叉板，更换交叉板更换槽位 |
| 备注 | |

### 2) TU12、TU11 AIS（alarm indication signal，告警指示信号）

| 项目 | 描述 |
|------|------|
| 告警名称 | TU12、TU11 AIS（alarm indication signal，告警指示信号） |
| 告警级别 | 主要 |
| 告警分类 | 通信类告警 |
| 告警解释 | 该告警指示在低阶通道层发生中断，本端没有接收到对端送来的低阶电信号 |
| 告警单板 | EPE1、EPT1、交叉板 |
| 告警指示 | 单板：红色告警指示灯长亮<br>网管：打开单板管理对话框，单板为红色且标识"M" |
| 告警原因 | ◆ 时隙配置错误<br>◆ 本端或者对端 2M 支路板的个别支路有问题<br>◆ 交叉板故障 |
| 处理方法 | ◆ 检查时隙配置<br>◆ 更换 ET1 板<br>◆ 主备用切换，复位交叉板，更换交叉板 |
| 备注 | |

注：非工作通道 TU3、TU12、TU11 的 LOP/AIS 告警是非工作通道上报的告警，特征与工作通道的相关告警一致，处理方法也基本相同。

### 14. VC4/VC3/VC4-nC/VC3-nC

#### 1) SLM（signal label mismatch，信号标识失配）

| 项目 | 描述 |
|------|------|
| 告警名称 | SLM（signal label mismatch，信号标识失配） |
| 告警级别 | 主要 |
| 告警分类 | 通信类告警 |

| 项目 | 描述 |
| --- | --- |
| 告警解释 | 本端应该接收的信号标识和通道跟踪标识与对端发送的信号标识不一致 |
| 告警单板 | OL1, OL4, OL16, OL64, LPL1, EP3 |
| 告警指示 | 单板：红色告警指示灯长亮<br>网管：打开单板管理对话框，单板为红色且标识"M" |
| 告警原因 | ◆ C2 的配置不正确<br>◆ 不同设备和不同厂家设备通过光口互联时，C2 不一致导致<br>◆ 光板物理故障<br>◆ EL1/ET3/TT3 故障 |
| 处理方法 | ◆ 重写 C2<br>◆ 将 C2 配置一致<br>◆ 更换光板<br>◆ 更换 EL1/ET3/TT3 |
| 备注 | 故障所处逻辑功能块：高阶接口复合功能块(HOI) |

## 2) RDI(remote defect indication，远端缺陷指示)

| 项目 | 描述 |
| --- | --- |
| 告警名称 | RDI(remote defect indication，远端缺陷指示) |
| 告警级别 | 次要 |
| 告警分类 | 通信类告警 |
| 告警解释 | 该告警指示对端在高阶通道上没有接收到本端送出的信号 |
| 告警单板 | OL1, OL4, OL16, OL64, LPL1, EP3 |
| 告警指示 | 单板：红色告警指示灯长亮<br>网管：打开单板管理对话框，单板为棕红色且标识"M" |
| 告警原因 | 该告警和"AU4 通道告警指示信号，不可用时间开始"告警成对出现，原因与之相同 |
| 处理方法 | ◆ 修改时隙配置<br>◆ 修改时钟配置<br>◆ 更换光板<br>◆ 更换交叉板<br>◆ 更换支路板<br>◆ 更换时钟板<br>◆ 更换槽位<br>◆ 更换后背板 |
| 备注 | 故障所处逻辑功能块：高阶接口复合功能块(HOI) |

### 3) UNED (unequipped, 通道未装载)

| 项目 | 描述 |
|---|---|
| 告警名称 | UNED (unequipped, 通道未装载) |
| 告警级别 | 主要 |
| 告警分类 | 通信类告警 |
| 告警解释 | C2 字节为 0 |
| 告警单板 | OL1, OL4, OL16, OL64, LPL1, EP3 |
| 告警指示 | 单板: 红色告警指示灯长亮<br>网管: 打开单板管理对话框, 单板为红色且标识 "M" |
| 告警原因 | ◆ C2 的配置不正确, 被置为 00H<br>◆ 光板物理故障<br>◆ 交叉板故障<br>◆ EL1/ET3/TT3 故障 |
| 处理方法 | ◆ 重写 C2<br>◆ 更换光板<br>◆ 更换交叉板<br>◆ 更换 EL1/ET3/TT3 |
| 备注 | 故障所处逻辑功能块: 高阶接口复合功能块 (HOI) |

### 4) LOM (loss of multiframe, 复帧丢失)

| 项目 | 描述 |
|---|---|
| 告警名称 | LOM (loss of multiframe, 复帧丢失) |
| 告警级别 | 紧急 |
| 告警分类 | 通信类告警 |
| 告警解释 | H4 丢失或者不正确, 可能导致低阶业务不正常 |
| 告警单板 | OL1, OL4, OL16, OL64, LPL1, EP3 |
| 告警指示 | 单板: 红色告警指示灯长亮<br>网管: 打开单板管理对话框, 单板为红色且标识 "C" |
| 告警原因 | ◆ 交叉连接配置错误<br>◆ 光板故障<br>◆ 交叉板故障<br>◆ 支路板故障<br>◆ 时钟故障<br>◆ 后背板插针故障<br>◆ 后背板损坏 |

| 项目 | 描述 |
|------|------|
| 处理方法 | ◆ 修改时隙配置<br>◆ 更换光板<br>◆ 更换交叉板<br>◆ 更换支路板<br>◆ 更换时钟板<br>◆ 更换槽位<br>◆ 更换后背板 |
| 备注 | 故障所处逻辑功能块：高阶接口复合功能块(HOI) |

### 15. VC12/VC11

#### 1) SLM(signal label mismatch，信号标识失配)

| 项目 | 描述 |
|------|------|
| 告警名称 | SLM(signal label mismatch，信号标识失配) |
| 告警级别 | 主要 |
| 告警分类 | 通信类告警 |
| 告警解释 | 该告警指示本点低阶非工作通道收到的信号标签字节与期望的值不匹配；即期望装载的净荷类型与实际装载的净荷类型不一致 |
| 告警单板 | EPE1、EPT1 |
| 告警指示 | 单板：红色告警指示灯长亮<br>网管：打开单板管理对话框，单板为红色且标识"M" |
| 告警原因 | 接收的 V5 字节的信号标签比特与期望设置不一致 |
| 处理方法 | 修改对端发送 V5 的信号标签比特 值或者本点 V5 的期望值 |
| 备注 | |

#### 2) TIM(trace identifier mismatch，跟踪标识失配)

| 项目 | 描述 |
|------|------|
| 告警名称 | TIM(trace identifier mismatch，跟踪标识失配) |
| 告警级别 | 主要 |
| 告警分类 | 通信类告警 |
| 告警解释 | 该告警指示本点低阶通道层收到的 J2 字节与期望的值不一致 |
| 告警单板 | EPE1、EPT1 |
| 告警指示 | 单板：红色告警指示灯长亮<br>网管：打开单板管理对话框，单板为红色且标识"M" |

| 项目 | 描述 |
|---|---|
| 告警原因 | ◆ 对端发送的 J2 值与本点期望接收值不一致<br>◆ 对端发送与本点的线路连接有问题 |
| 处理方法 | ◆ 修改对端发送的 J2 开销或者修改本点 J2 的期望值<br>◆ 检查连接通路，正确连接 |
| 备注 | |

### 3) RDI（remote defect indication，远端缺陷指示）

| 项目 | 描述 |
|---|---|
| 告警名称 | RDI（remote defect indication，远端缺陷指示） |
| 告警级别 | 次要 |
| 告警分类 | 通信类告警 |
| 告警解释 | 该告警指示本点低阶工作通道收到对端回送的缺陷指示，即本点的发送信号在低阶通道层中断 |
| 告警单板 | EPE1、EPT1 |
| 告警指示 | 单板：红色告警指示灯长亮<br>网管：打开单板管理对话框，单板为棕红色且标识"M" |
| 告警原因 | 本点发送信号与对端的接收信号故障 |
| 处理方法 | ◆ 检查本点的发送信号和对端的接收信号连接，并处理对端检测到的相应告警<br>◆ 修改时隙配置<br>◆ 修改时钟配置<br>◆ 更换光板<br>◆ 更换交叉板<br>◆ 更换支路板<br>◆ 更换时钟板<br>◆ 更换槽位<br>◆ 更换后背板 |
| 备注 | |

### 16. 同步定时源 SETS

### 1) Loss of Timing Inputs（定时输入丢失）

| 项目 | 描述 |
|---|---|
| 告警名称 | Loss of Timing Inputs（定时输入丢失） |
| 告警级别 | 严重告警 |

| 项目 | 描述 |
|---|---|
| 告警分类 | 同步定时源告警 |
| 告警解释 | ◆ 抽取时钟的光板有告警产生，当 STM-*N* 信号有告警产生时，光板会把告警状态通知时钟板，时钟板即上报定时输入丢失告警，并根据 S1 字节的指示选择可用的高优先级定时源。告警状态包括：光接口信号丢失(LOS)；帧丢失(LOF)；帧失步(OOF)；复用段告警指示信号(MS-AIS)<br>◆ 对于 2MHz 或不成帧的 2Mbit/s 外时钟，当对应外时钟输入口有告警产生时，报定时输入丢失告警。告警状态包括：电口信号丢失(LOS)<br>◆ 对于成帧的 2Mbit/s 外时钟，当对应外时钟输入口有告警产生时，报定时输入丢失告警。告警状态包括：电口信号丢失(LOS)；帧丢失(LOF)；帧失步(OOF)；告警指示信号(AIS) |
| 告警单板 | CASV(时钟模块) |
| 告警指示 | |
| 告警原因 | ◆ 输入定时源问题<br>◆ 时钟板 HW 线接收问题<br>◆ 业务板问题，8K 时钟输出不正常<br>◆ 光板 HW 线发送问题 |
| 处理方法 | ◆ 检查输入定时源光口是否有 LOS，MS-AIS 等线路告警，如有则先解决此告警，时钟板的告警也将随之解决<br>◆ 更换抽定时源输入接口源，看能够锁定，排除定时源质量问题<br>◆ 时钟板的 HW 线故障或者晶振故障，更换时钟板<br>◆ 更换抽时钟源业务板 |
| 备注 | |

## 2) Loss of Timing Output(定时输出丢失)

| 项目 | 描述 |
|---|---|
| 告警名称 | Loss of Timing Output(定时输出丢失) |
| 告警级别 | 严重告警 |
| 告警分类 | 同步定时源告警 |
| 告警解释 | 检测到系统时钟信号失效 |
| 告警单板 | CASV(时钟模块) |
| 告警指示 | |
| 告警原因 | ◆ 时钟板晶振有故障<br>◆ 晶振后的分配器件有问题 |
| 处理方法 | ◆ 更换时钟板 |
| 备注 | |

### 3.6.2　华为网络管理系统

#### 1. 单个网元脱管

| 项目 | 描述 |
|---|---|
| 告警名称 | NE_COMMU_BREAK, NE_NOT_LOGIN 告警 |
| 告警级别 | 次要告警 |
| 告警分类 | 设备类告警 |
| 告警解释 | U2000 网管上单个网元脱管，同站点其他网元正常，业务没有受到影响 |
| 告警原因 | 原因 1：网线连接错误或者脱落。例如网元与 HUB 之间，网关网元和网管计算机之间，网关网元与非网关网元之间，网元内部主从子架之间<br>原因 2：网元属性被误修改，例如网元 ID、IP，网关类型，用户名和密码<br>原因 3：主控单板故障<br>原因 4：ECC 通信中断<br>原因 5：网元(非主用网关)上进行主控板主备倒换操作<br>原因 6：将相干业务和非相干业务进行对接 |
| 处理方法 | 原因 1：<br>◆ 检查网元与 HUB 之间的网线是否松动。若松动，请插紧网线<br>◆ 检查如下连接的网线是否连接正确，例如网关网元和网管计算机之间，网关网元和非网关网元之间，网元内主从子架之间的网线<br>◆ 用测线仪检查网线和连接网口是否通信正常，若异常，更换网线<br>◆ 若网线正常，更换 HUB 端口，若恢复正常，说明 HUB 端口损坏<br>◆ 若网线和 HUB 正常，则说明接口板(例如 EFI/EFI1/EFI2/AUX 单板)故障，需更换故障单板<br>原因 2：用 Web LCT 登录网元，根据记录恢复网元原来的 ID，IP，网关类型，用户名和密码<br>原因 3：用 Web LCT 登录网元，如果登录失败，说明主控板故障。复位单板，如果问题仍然存在，请更换 SCC 单板<br>原因 4：目前设备可支持同时登录连接的最大用户数为 16 个，如果某网元连接的用户数已达到最大值，其他用户则无法再登录该网元<br>原因 5：无需处理，主控板主备倒换结束后，备用网关网元即恢复和 U2000 的通信<br>原因 6：由于相干业务和非相干业务的 DCN 字节定义不同，因此业务无法对接互通。当 DCN 通道不通时，需检查对接单板接入的业务是否都为相干业务 |
| 备注 | |

#### 2. 子网中所有网元脱管

| 项目 | 描述 |
|---|---|
| 告警名称 | NE_COMMU_BREAK, NE_NOT_LOGIN, GNE_CONNECT_FAIL 告警 |
| 告警级别 | 重要告警 |

| 项目 | 描述 |
|---|---|
| 告警分类 | 设备类告警 |
| 告警解释 | U2000 网管上某子网中所有网元脱管，对脱管网元无法管理 |
| 告警原因 | 原因 1：网关网元故障<br>原因 2：网关网元跟 HUB 之间的网线连接中断或 HUB 端口损坏<br>原因 3：网关网元 IP 被误改动<br>原因 4：光缆故障<br>原因 5：无主备网关网元场景下，网关网元进行主控板主备倒换的操作；有主备网关网元场景下，主用网关网元进行主控板主备倒换的操作 |
| 处理方法 | 原因 1：<br>◆ 检查网元电源是否存在故障，若有，先排除电源故障<br>◆ 用 Web LCT 登录网关网元，若无法登录，说明网关网元主控板故障，更换 SCC 单板<br>原因 2：<br>◆ 检查网关网元跟 HUB 之间的网线是否松动。若松动，请插紧网线<br>◆ 用测线仪检查网线是否连接正常，若异常，更换网线<br>◆ 若网线正常，更换 HUB 端口，若恢复正常，说明 HUB 端口损坏<br>原因 3：用 Web LCT 登录网关网元，根据记录恢复网关网元原来的 IP<br>原因 4：光纤中断也会导致子网中网元的脱管，但此时主信道同时也会产生大量告警和异常性能事件，因此业务也不可能正常运行，所以很容易判断故障原因<br>原因 5：无需处理，主控板主备倒换结束后，网关网元即恢复和 U2000 的通信 |
| 备注 | |

## 3. 网元频繁脱管

| 项目 | 描述 |
|---|---|
| 告警名称 | 频繁上报 NE_COMMU_BREAK，NE_NOT_LOGIN，GNE_CONNECT_FAIL 告警 |
| 告警级别 | 重要告警 |
| 告警分类 | 设备类告警 |
| 告警解释 | U2000 网管上网元频繁脱管，对脱管网元无法管理 |
| 告警原因 | 原因 1：网元 IP 冲突<br>原因 2：ECC 通信时断时通<br>原因 3：ECC 通信负荷过重<br>原因 4：网络上有相同的网元用户登录该网元<br>原因 5：ESC 和 OSC 并存场景下，ESC 和 OSC 频繁倒换，使网元频繁脱管<br>原因 6：DCN 子网网络规模过大 |

续表

| 项目 | 描述 |
|------|------|
| 处理方法 | 原因 1：检查其他新增网络设备的 IP 地址设置（如路由器，服务器），确保网元 IP 地址唯一<br>原因 2：处理 ECC 通信时断时通故障<br>原因 3：调整 ECC 通信负荷<br>原因 4：规划、管理网元登录用户。网元用户管理参见"创建网元用户"<br>原因 5：<br>◆ U2000 网管上禁止 A 站与 B 站之间的 ESC 通信，使用 OSC 通信<br>◆ 处理链路误码故障<br>◆ 链路稳定后，恢复 A 站与 B 站的 ESC 通信<br>原因 6：由于通信协议本身的限制，即使在满足网关数量的情况下，一个 DCN 子网内的网元数（这里的网元数指具有网元 ID 的物理网元个数）也不能超过一个上限 |
| 备注 | |

### 4. 主控频繁复位

| 项目 | 描述 |
|------|------|
| 告警名称 | 网管频繁脱管 |
| 告警级别 | 重要告警 |
| 告警分类 | 设备类告警 |
| 告警解释 | ECC 通信负荷过重导致主控板频繁复位，网元频繁脱管 |
| 告警原因 | ECC 通信负荷过重。网络规模过大，网元间 ECC 通信的规模超过网元处理能力的极限，使主控频繁复位 |
| 处理方法 | ◆ 检查网络规模。网络规模需要控制在 100 个网元以内。当网络规模超过上述数目，则必须对 ECC 网络进行划分，为每个网络建立 DCN 管理通路，成为相对独立的 ECC 子网<br>◆ 检查单站网元规模。当多个设备通过 HUB 相连（或者使用子架间级联）使用网口的扩展 ECC 功能进行通信时，建议连接在同一 HUB 上开启自动扩展 ECC 功能的设备不超过 4 个，4 个以上的建议采用人工扩展 ECC 方式进行通信，避免 ECC 风暴 |
| 备注 | |

### 5. 单板不在位

| 项目 | 描述 |
|------|------|
| 告警名称 | 单板上报 BD_STATUS 告警 |
| 告警级别 | 重要告警 |
| 告警分类 | 设备类告警 |

续表

| 项目 | 描述 |
|---|---|
| 告警解释 | U2000 网管上单块单板不在位，网管显示灰色，其他单板正常 |
| 告警原因 | 原因1：单板对应槽位的背板故障<br>原因2：单板故障 |
| 处理方法 | 原因1：<br>◆ 重新拔插单板，观察是否恢复<br>◆ 如无法恢复，将单板换插至其他槽位<br>原因2：更换故障单板 |
| 备注 | |

## 6. 多块单板不在位

| 项目 | 描述 |
|---|---|
| 告警名称 | 多块或全部单板上报 BD_STATUS 告警 |
| 告警级别 | 重要告警 |
| 告警分类 | 设备类告警 |
| 告警解释 | U2000 网管上多块或全部单板不在位，网管显示灰色。多块或全部单板上报 BD_STATUS 告警 |
| 告警原因 | 原因1：网元脱管<br>原因2：主从子架之间的网线故障<br>原因3：AUX 单板故障。AUX 单板用于实现板间、子架间通信功能，子架内管理功能，因此 AUX 单板故障可能会造成多块单板不在位<br>原因4：背板故障 |
| 处理方法 | 原因1：若 U2000 网管上报 NE_COMMU_BREAK，NE_NOT_LOGIN 告警，则可能是网元脱管，具体处理参见单个网元脱管<br>原因2：查看主从子架之间的网线是否损坏或者松脱，处理该故障<br>原因3：查看 AUX 单板是否故障，如硬复位或重新插拔单板无法消除其他单板的 BD_STATUS 告警，则进行下一步<br>原因4：更换子架 |
| 备注 | |

# 4 通信系统运行维护标准

通信系统光传输网是承载电网生产控制类业务、企业管理信息类业务的主要传输通道。通信系统光传输网的运行维护工作应以保障业务安全运行、提高网络运行质量、降低运行维护成本、提升资源使用效率为基本准则。设备运行维护是指运维单位对通信系统光传输网进行设备层面的现场作业，主要包括设备现场巡视、设备现场巡检、设备现场定检等作业。光缆运行维护是指运维单位对光缆进行周期性的现场作业，主要包括光缆巡视、光缆定检和电力光缆防外破等工作。网络运行维护是指运维单位对电力光传输网进行网络层面的作业，主要包括网络运行监视、网络常规检查、网络专项检测、数据软件维护、网络安全管理等工作。运维人员应按照作业规范和作业计划，进行设备现场巡视、巡检和定检作业，及时消除设备告警、异常和缺陷，做好设备运维记录。

## 4.1 通信机房运行维护

### 4.1.1 通信机房运行维护周期

通信机房运行维护周期要求如表 4-1 所示。

**表 4-1 通信机房运行维护周期明细表**

| 维护方式 | 中心站 | 220kV 及以上变电站 | 换流站/中继站 | 其他站点 |
|---|---|---|---|---|
| 现场巡视 | 每日一次 | 每月一次 | 每月一次 | 每月一次 |
| 现场巡检 | 每季度一次 | 每季度一次 | 每季度一次 | 每半年一次 |
| 现场定检 | 每年一次 | | | |

### 4.1.2 通信机房现场巡视巡检内容及标准

查看机房环境：机房空调是否运行正常，有无漏水、结霜等现象；室内温湿度是否在正常范围；工作照明和事故照明是否正常；动力和环境监测、视频监视是否正常；机房是否干净整洁，有无垃圾、杂物，有无存放食物或易燃易爆、腐蚀性等危险品；机房有无渗漏，墙壁、门窗和地板有无破损。

检查孔洞封堵：机房进出孔洞是否封堵；机柜上下孔洞是否封堵；防鼠挡板和灭鼠器具是否完好。

检查图纸资料：光配、数配、音配、网配资料是否齐全准确；站内通信交直流接线图、导引光缆路径图是否完整准确。

## 4.2　光传输设备运行维护

### 4.2.1　光传输设备运行维护周期

光传输设备运行维护周期要求如表 4-2 所示。

表 4-2　光传输设备运行维护周期明细表

| 维护方式 | 中心站 | 220kV 及以上变电站 | 换流站/中继站 | 其他站点 |
|---|---|---|---|---|
| 现场巡视 | 每日一次 | 每月一次 | 每月一次 | 每月一次 |
| 现场巡检 | 每季度一次 | 每季度一次 | 每季度一次 | 每半年一次 |
| 现场定检 | 每年一次 | | | |

### 4.2.2　光传输设备现场巡视巡检内容及标准

查看设备运行：设备架顶、整机、单板运行和告警指示灯显示情况；设备和风扇有无异常声响；设备主备板卡和模块有无配置齐全；设备未用光口、电口有无加防尘帽；机柜门是否开闭良好，机柜内有无杂物，通风散热是否良好；设备温度是否在正常范围，设备面板有无空缺。

查看设备供电：设备双路或单路供电指示灯是否显示正常；检查主、备用的电源单板工作状态是否正常；检查设备架顶电源空开闭合位置是否正确；检查主、备用的控制板、交叉板、业务板工作状态是否正常，巡检周期内有无切换；检查设备板卡扳件开关位置是否设置正确。

设备除尘作业：机柜内外除尘清洁；设备、线缆表面除尘清洁；设备风扇、滤网清扫。

检查线缆布放：线缆布放是否强弱分离，布线整齐，连接可靠，屏蔽良好(包括 2M 同轴电缆屏蔽层可靠接地)；跳线和尾纤走线是否合理，尾纤有无挤压、弯折等现象。

检查标识标签：机柜、设备、线缆、开关标识标签有无缺失，是否粘贴牢固；标识标签内容是否完整清晰和准确；继电保护和安全自动装置业务标识标签是否醒目。

### 4.2.3　光传输设备现场定检内容及标准

检测控制板、交叉板、业务板等主备切换是否正常，并最后恢复主用方式。

检测设备供电电压值与网管性能监测电压值是否一致，并校准。

检查设备防雷接地：机柜、设备接地连接有无缺失，接地线是否连接紧固、接触良好，有无锈蚀；机柜与机房接地母线的接地线线径应不小于 25mm$^2$。

检测设备双路电源主备切换：测试设备双电源（直流或交流）主备切换是否正常，切换过程中设备供电不应中断，并恢复主用供电方式。

# 4.3　综合数据网设备运行维护

## 4.3.1　综合数据网设备运行维护周期

综合数据网设备运行维护周期如表 4-3 所示。

表 4-3　综合数据网设备运行维护周期明细表

| 维护方式 | 中心站 | 220kV 及以上变电站 | 换流站/中继站 | 其他站点 |
| --- | --- | --- | --- | --- |
| 现场巡视 | 每日一次 | 每月一次 | 每月一次 | 每月一次 |
| 现场巡检 | 每季度一次 | 每季度一次 | 每季度一次 | 每半年一次 |
| 现场定检 | 每年一次 | | | |

## 4.3.2　综合数据网设备现场巡视巡检内容及标准

查看设备运行：设备架顶、整机、单板运行和告警指示灯显示情况；设备和风扇有无异常声响；设备主备板卡和模块有无配置齐全；设备未用光口、电口有无加防尘帽；机柜门是否开闭良好，机柜内有无杂物，通风散热是否良好；设备温度是否在正常范围，设备面板有无空缺。

查看设备供电：设备双路或单路供电指示灯是否显示正常。

设备除尘作业：机柜内外除尘清洁；设备、线缆表面除尘清洁；设备风扇、滤网清扫。

检查线缆布放：线缆布放是否强弱分离，布线整齐，连接可靠，屏蔽良好；跳线和尾纤走线是否合理，尾纤有无挤压、弯折等现象。

检查标识标签：机柜、设备、线缆、开关标识标签有无缺失，是否粘贴牢固；标识标签内容是否完整清晰和准确。

## 4.3.3　综合数据网设备现场定检内容及标准

检查设备防雷接地：机柜、设备接地连接有无缺失，接地线是否连接紧固、接触良好，有无锈蚀；机柜与机房接地母线的接地线线径应不小于 25mm$^2$。

检测设备双路电源主备切换：测试设备双电源（直流或交流）主备切换是否正常，切换过程中设备供电不应中断，并恢复主用供电方式。

# 4.4　电视会议系统运行维护

### 4.4.1　电视会议系统运行维护周期

电视会议系统运行维护周期如表4-4所示。

表4-4　电视会议系统运行维护周期明细表

| 维护方式 | 中心站 | 县区公司及其他站点 |
|---|---|---|
| 现场巡视 | 每日一次 | 每月一次 |
| 现场巡检 | 每季度一次 | 每季度一次 |
| 现场定检 | 每年一次 | |

### 4.4.2　电视会议系统现场巡视巡检内容及标准

查看设备运行：设备架顶、整机、单板运行和告警指示灯显示情况；设备和风扇有无异常声响；设备主备板卡和模块有无配置齐全；设备未用光口、电口有无加防尘帽；机柜门是否开闭良好，机柜内有无杂物，通风散热是否良好；设备温度是否在正常范围，设备面板有无空缺。

查看设备供电：设备双路或单路供电指示灯是否显示正常。

设备除尘作业：机柜内外除尘清洁；设备、线缆表面除尘清洁；设备风扇、滤网清扫。

检查线缆布放：线缆布放是否强弱分离，布线整齐，连接可靠，屏蔽良好；跳线和尾纤走线是否合理，尾纤有无挤压、弯折等现象。

检查标识标签：机柜、设备、线缆、开关标识标签有无缺失，是否粘贴牢固；标识标签内容是否完整清晰和准确。

### 4.4.3　电视会议系统现场定检内容及标准

检查设备防雷接地：机柜、设备接地连接有无缺失，接地线是否连接紧固、接触良好，有无锈蚀；机柜与机房接地母线的接地线线径应不小于$25mm^2$。

检测设备双路电源主备切换：测试设备双电源（直流或交流）主备切换是否正常，切换过程中设备供电不应中断，并恢复主用供电方式。

# 4.5　电力特种光缆运行维护

## 4.5.1　电力特种光缆运行维护周期

电力特种光缆运行维护周期如表 4-5 所示。

表 4-5　电力特种光缆运行维护周期明细表

| 维护方式 | 站内光缆 | | 线路光缆 | |
|---|---|---|---|---|
| | 中心站等重要通信站点 | 其他站点 | 随输电线路架设的电力特种光缆 | 其他光缆线路 |
| 光缆巡视 | 每月一次 | 每半年一次 | 巡视周期和内容应符合输电专业巡视要求 | 每月一次 |
| 光缆定检 | 每年一次 | | | |

## 4.5.2　电力特种光缆巡视巡检内容及标准

1. 定期巡视

随输电线路架设的电力特种光缆线路巡视周期和内容应符合输电专业巡视要求，其他光缆线路巡视宜每月一次，对光缆线路大跨越、覆冰区、舞动区、多雷区、污秽区、大风区、滑坡沉陷区、易受外破等特殊区段，应增加巡视次数。中心站等重要通信站点站内光缆巡视宜每月一次，其他站点站内光缆巡视应与站内设备现场巡检同步进行，宜每半年一次。

运维单位巡视发现光缆缺陷或外破隐患，应立即采取相应措施，并即时报告所属通信调度值班人员；对无法认定的缺陷或隐患应进行复查和处理。

2. 故障巡视

光缆故障巡视是指运维单位在光缆故障时，依据光缆故障测距定位，对光缆故障区段进行即时性的巡视作业，直至发现光缆故障点。

运维单位巡视发现光缆故障点后，应对故障现场和引发故障的特征物件进行拍摄记录，按照相应的现场处置方案开展光缆抢修和恢复工作，并即时报告所属通信调度值班人员。

3. 特殊巡视

光缆特殊巡视是指运维单位根据光缆运行保障的特殊需要，在特殊时段对光缆全线或特殊区段进行的巡视作业。

运维单位应在下列情况（包括但不限于），综合预判光缆运行风险，安排光缆特殊巡视：

（1）通信系统突发事件预警和应急响应期间。

（2）自然灾害发生期间。

(3)恶劣天气导致线路覆冰、舞动发生期间。

(4)重大活动保障、重要保电期间。

(5)通信系统运行风险预警期间。

(6)光缆线路有严重缺陷或外破隐患期间。

4. 站内巡视

站内光缆巡视主要包括独立通信站、变电站的站内光缆巡视作业。

独立通信站站内光缆巡视内容及要求包括但不限于:

(1)查看光缆进出大楼或通信楼孔洞是否防水、防火封堵。

(2)查看光缆进出机房和机柜孔洞是否封堵。

(3)查看大楼弱电井光缆是否涂有防火涂料,竖井内有无火灾隐患。

(4)查看站内沟道光缆有无外破和火灾隐患。

(5)查看光缆是否排列绑扎整齐,有无扭曲、弯折、磨损和挤压等现象。

(6)查看余缆是否盘绕捆绑整齐。

(7)查看光缆标识挂牌有无缺失,标识内容是否完整清晰和准确。光缆地埋路径上方和转弯处是否有光缆地埋标识,电缆沟道两端和转弯处是否有光缆标识挂牌。

变电站站内光缆巡视内容及要求包括但不限于:

(1)查看 OPGW 光缆三点接地是否符合要求:进站门型架顶端、最下端固定点(余缆前)和光缆末端分别通过匹配的专用接地线可靠接地,其余部分应与构架绝缘。

(2)查看引下光缆是否固定牢固,有无电灼伤、磨损等现象;引下夹具有无脱落。

(3)查看接续盒和余缆架是否安装牢固,有无锈蚀变形;接续盒是否防水密封良好;余缆是否盘绕绑扎整齐牢固。

(4)查看余缆箱是否安装牢固、可靠接地,有无锈蚀破损;余缆箱内的接续盒和余缆架是否牢固,余缆是否盘绕绑扎整齐牢固。

(5)查看导引光缆从门型架至电缆沟地埋部分是否全程穿热镀锌钢管,钢管是否全程密闭防水并与站内接地网可靠连接,钢管地面部分是否与构架固定。

(6)查看导引光缆电缆沟道部分是否全程穿防护子管或使用防火槽盒等防火隔离措施;电缆沟道盖板有无缺失、破损、跌落等现象。

(7)查看导引光缆进出机房和机柜孔洞是否封堵;机房内余缆是否盘绕捆绑整齐。

(8)查看门型架光缆标示牌是否固定牢固;标示牌内容是否完整清晰和准确,标示牌内容应包括光缆型号、光缆长度、光缆芯数、一次线路调度名称等。

(9)查看导引光缆标识有无缺损,标识内容是否完整清晰和准确;光缆地埋路径上方和转弯处是否有光缆地埋标识，电缆沟道两端和转弯处是否有光缆标识挂牌。

5. 线路巡视

按照光缆类型和敷设方式划分，光缆线路巡视主要分为 OPGW 光缆、ADSS 光缆、OPPC 光缆、普通架空光缆、隧道光缆、管道光缆、直埋光缆等巡视作业。

OPGW 光缆巡视内容及要求包括但不限于：

(1)查看光缆有无附着异物。

(2)查看光缆垂度有无超过工程设计范围。

(3)查看光缆外层金属绞线有无单丝损伤、扭曲、弯折、挤压、松股等现象。

(4)查看光缆防震锤有无位移、脱落、偏斜、扭转、钢丝断股等现象，是否与地面垂直。

(5)查看光缆阻尼线有无位移、变形、烧伤、扭转、绑线松动等现象，是否与地面垂直。

(6)查看光缆预绞丝有无断股或松股，预绞丝线夹有无疲劳断脱或滑移。

(7)查看光缆接地引线有无松动或对地放电。

(8)查看引下光缆是否固定牢固，有无电灼伤、磨损等现象；引下夹具有无脱落。

(9)查看接续盒和余缆架是否安装牢固，有无锈蚀变形；接续盒是否防水密封良好；余缆是否盘绕绑扎整齐牢固。

ADSS 光缆巡视内容及要求包括但不限于：

(1)查看光缆有无附着异物。

(2)查看光缆垂度有无超过工程设计范围，光缆与其他设施、树木、建筑物等的最小净距离，与同杆电力线、变压器的安全距离是否符合规范要求。

(3)查看光缆外护套有无电腐蚀、损伤、芳纶外露等现象。

(4)查看光缆线路金具有无缺损，有无位移、变形、锈蚀、烧伤、裂纹、螺栓脱落等现象。

(5)查看光缆预绞丝有无断股或松股；预绞丝线夹有无疲劳断脱或滑移。

(6)查看引下光缆是否固定牢固，有无磨损；引下夹具有无脱落。

(7)查看接续盒和余缆架是否安装牢固，有无锈蚀变形；接续盒是否防水密封良好；余缆是否盘绕绑扎整齐牢固。

(8)查看光缆线路下方有无修建铁路、公路、建筑物等现象，有无"三跨(跨高速铁路、跨高速公路、跨重要输电通道)"隐患，有无施工爆破、开山采石、烧荒、堆放易燃易爆物、异物挂碰等外破隐患。

OPPC 光缆巡视内容及要求包括但不限于：

(1)查看光缆有无附着异物。

(2)查看光缆垂度有无超过工程设计范围,光缆与其他设施、树木、建筑物等的最小净距离是否符合规范要求。

(3)查看光缆外层金属绞线有无单丝损伤、扭曲、弯折、挤压、松股等现象。

(4)查看光缆防震锤有无位移、脱落、偏斜、扭转、钢丝断股等现象,是否与地面垂直。

(5)查看光缆阻尼线有无位移、变形、烧伤、扭转、绑线松动等现象,是否与地面垂直。

(6)查看光缆预绞丝有无断股或松股,预绞丝线夹有无疲劳断脱或滑移。

(7)查看跳接线、引下光缆是否固定牢固。

(8)查看接续盒和余缆架是否安装牢固,有无锈蚀变形;接续盒是否防水密封良好;余缆是否盘绕绑扎整齐牢固;接续盒绝缘子部分有无位移、脱落、偏斜、扭转等现象。

(9)查看光缆线路下方有无修建铁路、公路、建筑物等现象,有无施工爆破、开山采石、堆放易燃易爆物等外破隐患。

普通架空光缆巡视内容及要求包括但不限于:

(1)查看光缆外护套有无损伤。

(2)查看吊线和光缆垂度有无超过工程设计范围,光缆与其他设施、树木、建筑物等的最小净距离,与同杆电力线、变压器的安全距离是否符合规范要求。

(3)查看吊线固定金具有无位移、变形、锈蚀、螺栓脱落等现象;吊线有无锈蚀、接地是否良好;光缆挂钩有无缺损。

(4)查看接续盒和余缆架是否安装牢固,有无锈蚀变形;接续盒是否防水密封良好;余缆是否盘绕绑扎整齐牢固。

(5)查看光缆线路下方有无修建公路、建筑物等现象,有无施工爆破、开山采石、烧荒、堆放易燃易爆物、异物挂碰等外破隐患。

隧道光缆巡视内容及要求包括但不限于:

(1)查看光缆进出隧道孔洞是否防水封堵严密。

(2)查看光缆是否强弱隔离布放,是否使用专用防火槽盒等防火隔离措施;光缆托架有无缺损,是否固定牢固。

(3)查看光缆外护套有无损伤;光缆有无扭曲、弯折、挤压等现象。

(4)查看接续盒和余缆架是否安装牢固,有无锈蚀变形;接续盒是否防水密封良好;余缆是否盘绕绑扎整齐牢固。

(5)查看光缆标识挂牌有无缺失;标识内容是否完整清晰和准确。

管道光缆巡视内容及要求包括但不限于:

(1)查看管道路由地面有无沉陷等异常。

(2)查看管道路由通道有无施工等外破隐患。

(3)查看人(手)孔有无沉陷、破损、井盖丢失等现象。

(4)查看人(手)孔内光缆外护套有无损伤；光缆有无扭曲、弯折、挤压等现象。

(5)查看人(手)孔内光缆托架、托板有无缺损，是否固定牢固。

(6)查看人(手)孔内光缆标识挂牌有无缺失；标识内容是否完整清晰和准确。

(7)查看人(手)孔内光缆子管是否密封良好。

(8)查看人(手)孔内及光缆上有无污垢、杂物。

直埋光缆巡视内容及要求包括但不限于：

(1)查看光缆路由地面有无沉陷等异常。

(2)查看光缆路由通道有无施工等外破隐患。

(3)查看光缆与其他建筑物间的最小净距离是否符合规范要求。

(4)查看光缆地埋标识有无缺失；标识内容是否完整清晰和准确。

### 4.5.3　电力特种光缆现场定检内容及标准

光缆定检是指运维单位对光缆备用纤芯进行周期性的衰耗特性测试作业，定检宜每年一次。

纤芯衰耗特性测试应双向测试，测试值取双向测试的平均值；测试参数主要包括线路衰耗、熔接点损耗、光缆长度等。

使用光时域反射仪(OTDR)进行纤芯测试时，应先断开被测纤芯对端的通信设备或仪表。

运维单位应对比分析光缆定检结果，编制光缆质量分析报告，制定并落实光缆(纤芯)消缺计划。

# 4.6　行政及调度交换设备运行维护

### 4.6.1　行政及调度交换设备运行维护周期

行政及调度交换设备运行维护周期如表4-6所示。

表 4-6　行政及调度交换设备运行维护周期明细表

| 维护方式 | 中心站 | 220kV 及以上变电站 | 换流站/中继站 | 其他站点 |
|---|---|---|---|---|
| 现场巡视 | 每日一次 | 每月一次 | 每月一次 | 每月一次 |
| 现场巡检 | 每季度一次 | 每季度一次 | 每季度一次 | 每半年一次 |
| 现场定检 | 每年一次 | | | |

### 4.6.2　行政及调度交换设备现场巡视巡检内容及标准

查看设备运行：设备架顶、整机、单板运行和告警指示灯显示情况；设备和风扇有无异常声响；设备主备板卡和模块有无配置齐全；设备未用光口、电口有无加防尘帽；机柜门是否开闭良好，机柜内有无杂物，通风散热是否良好；设备温度是否在正常范围，设备面板有无空缺。

查看设备供电：设备双路或单路供电指示灯是否显示正常。

设备除尘作业：机柜内外除尘清洁；设备、线缆表面除尘清洁；设备风扇、滤网清扫。

检查线缆布放：线缆布放是否强弱分离，布线整齐，连接可靠，屏蔽良好；跳线和尾纤走线是否合理，尾纤有无挤压、弯折等现象。

检查标识标签：机柜、设备、线缆、开关标识标签有无缺失，是否粘贴牢固；标识标签内容是否完整清晰和准确。

### 4.6.3 行政及调度交换设备现场定检内容及标准

检查设备防雷接地：机柜、设备接地连接有无缺失，接地线是否连接紧固、接触良好，有无锈蚀；机柜与机房接地母线的接地线线径应不小于 25mm²。

检测设备双路电源主备切换：测试设备双电源(直流或交流)主备切换是否正常，切换过程中设备供电不应中断，并恢复主用供电方式。

## 4.7 通信电源设备运行维护

### 4.7.1 通信电源设备运行维护周期

通信电源设备运行维护周期如表 4-7 所示。

表 4-7 通信电源设备运行维护周期明细表

| 维护方式 | 中心站 | 220kV 及以上变电站 | 换流站/中继站 | 其他站点 |
|---|---|---|---|---|
| 现场巡视 | 每日一次 | 每月一次 | 每月一次 | 每月一次 |
| 现场巡检 | 每季度一次 | 每季度一次 | 每季度一次 | 每半年一次 |
| 现场定检 | 每年一次 | | | |

### 4.7.2 通信电源设备现场巡视巡检内容及标准

查看设备运行：设备架顶、整机、单板运行和告警指示灯显示情况；设备和风扇有无异常声响；设备主备板卡和模块有无配置齐全；设备未用光口、电口有无加防尘帽；机柜门是否开闭良好，机柜内有无杂物，通风散热是否良好；设备温度是否在正常范围，设备面板有无空缺。

查看设备供电：设备双路或单路供电指示灯是否显示正常。

设备除尘作业：机柜内外除尘清洁；设备、线缆表面除尘清洁；设备风扇、滤网清扫。

检查线缆布放：线缆布放是否强弱分离，布线整齐，连接可靠，屏蔽良好；跳线和尾纤走线是否合理，尾纤有无挤压、弯折等现象。

检查标识标签：机柜、设备、线缆、开关标识标签有无缺失，是否粘贴牢固；标识标签内容是否完整清晰和准确。

### 4.7.3　通信电源设备现场定检内容及标准

检查设备防雷接地：机柜、设备接地连接有无缺失，接地线是否连接紧固、接触良好，有无锈蚀；机柜与机房接地母线的接地线线径应不小于 $25mm^2$。

检测设备双路电源主备切换：测试设备双电源(直流或交流)主备切换是否正常，切换过程中设备供电不应中断，并恢复主用供电方式。

# 4.8　通信系统网络管理系统运行维护

### 4.8.1　通信系统网管设备运行维护周期

通信系统网管运行维护周期如表 4-8 所示。

**表 4-8　通信系统网管运行维护周期明细表**

| 维护方式 | 中心站 | 备调其他站点 |
|---|---|---|
| 现场巡视 | 每日一次 | 每月一次 |
| 现场巡检 | 每季度一次 | 每季度一次 |
| 现场定检 | 每年一次 | |

### 4.8.2　通信系统网管设备现场巡视巡检内容及标准

查看设备运行：设备架顶、整机、单板运行和告警指示灯显示情况；设备和风扇有无异常声响；设备主备板卡和模块有无配置齐全；机柜门是否开闭良好，机柜内有无杂物，通风散热是否良好；设备温度是否在正常范围，设备面板有无空缺。

查看设备供电：设备双路或单路供电指示灯是否显示正常。

检查网管服务器运行日志有无异常信息。

检查网管服务器资源使用(包括 CPU、内存、硬盘使用率等)有无长期占用过高。

检查网管服务器服务进程有无异常。

检查网管服务器数据库运行有无异常。

检查网管服务器北向接口参数变量及采集连通性是否正常。

检查网管服务器时间同步方式有无异常，设备时间与北京时间是否一致。

检查主、备用网管服务器数据自动同步是否正常。

检查网管终端与主、备用网管服务器的连通性是否正常。

设备除尘作业：机柜内外除尘清洁；设备、线缆表面除尘清洁；设备风扇、滤网清扫。

检查线缆布放：线缆布放是否强弱分离，布线整齐，连接可靠，屏蔽良好（包括 2M 同轴电缆屏蔽层可靠接地）；跳线和尾纤走线是否合理，尾纤有无挤压、弯折等现象。

检查标识标签：机柜、设备、线缆、开关标识标签有无缺失，是否粘贴牢固；标识标签内容是否完整清晰和准确。

### 4.8.3 通信系统网管设备现场定检内容及标准

备份系统文件、网管日志、配置数据等，确保系统瘫痪时可利用备份文件和数据恢复系统。

清理过期无用的文件和数据，备足磁盘空间。

核查账号权限和登录记录，清理过期、异常账号，更改口令。

核查防病毒软件和病毒库有无过期。

检测网管服务器主、备切换是否正常，并最后恢复主用方式。

检查设备防雷接地：机柜、设备接地连接有无缺失，接地线是否连接紧固、接触良好，有无锈蚀；机柜与机房接地母线的接地线线径应不小于 $25mm^2$。

检测设备双路电源主备切换：测试设备双电源（直流或交流）主备切换是否正常，切换过程中设备供电不应中断，并恢复主用供电方式。

# 5  电力通信实操基础

## 5.1  常用仪器仪表操作基础

电力通信实操过程中，需要借助各类仪器仪表进行测量，掌握常用仪器仪表的使用方法是通信运维的基本要求。本节介绍的均是在电力通信实操过程中常用的仪器仪表。

### 5.1.1  万用表的功能与使用方法

万用表是一种高灵敏度、多量限的携带整流系仪表，能分别测量交直流电压、交直流电源、电阻，适宜于无线电、电信及电工事业单位作一般测量之用。万用表又叫多用表、三用表、复用表，是一种多功能、多量程的测量仪表，一般万用表可测量直流电流、直流电压、交流电压、电阻和音频电平等，有的还可以测交流电流、电容量、电感量及半导体的一些参数。常用万用表如图 5-1 所示。

图 5-1  常用万用表

万用表的使用如下：

1. 开关机

当功能选择开关从 OFF 档位转到其他测试的档位时，仪表即进入工作状态，可以进行测量。当功能选择开关转回 OFF 档位时，仪表处于关闭状态。

2. 手动量程及自动量程的选择

在自动量程模式内，仪表会为被测输入信号选择一个最佳量程以保证您的测试精度。同时，使您在转换测试点时也无需重置量程。您也可以选择手动量程来改变自动量程模式。仪表的默认值为自动量程模式，在手动量程模式时，当被测值超出一个量程的测量范围时，仪表会转入自动量程模式。当仪表在自动量程模式时，LCD 会显示"AUTO"。要进入及退出手动量程模式：按 RANGE 键。每按 RANGE 键一次会递增一个量程，当到达最高量程时，仪表会回到最低量程。要退出手动量程模式，按住 RANGE 键 2s 即可退出手动量程模式。读数保持按 HOLD 键可以保持当前读数，再按 HOLD 键可恢复正常操作。

3. 测量交流和直流电压

若要最大限度地减少包含交流或交流与直流电压元件的未知电压产生的不正确读数，首先要选择仪表上的交流电压功能测量被测电路的交流电压，特别记下产生正确测量结果所需的交流电压量程，然后，手动选择直流电压功能，其直流电压量程应等于或高于先前记下的交流电压量程然后再测量直流电压。利用这一程序可以在精确测量直流电压时，将交流电压瞬变的影响减至最小。

将功能旋转开关转到此位置，以选择交流或直流电压；将红色测试表笔的插头插入输入插口并将黑色测试表笔的插头插入 COM 插口；将测试表笔的探针接触被测电路的测试点，测量电压；此时显示屏上显示的读数就是被测电压值，如图 5-2 所示。

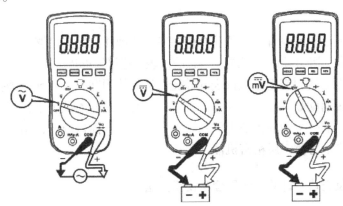

图 5-2  测量交流和直流电压

注意，只有采用手动选择量程的方式，才能进入 400mV 量程。

4. 测量交流或直流电流

将功能旋转开关转到此处，按下蓝色按键，在交流或直流电流测量间切换；根据被测电流的大小，将红色表笔的测试插头插入 A 或 mA、μA 插口并将黑色表笔插头插入 COM 插口；断开被测电路的路径，然后将测试表笔衔两根探针接入端口并将被测电路加上电源；此时显示屏上的读数值就是被测电流值，如图 5-3 所示。

5. 测量电阻

将功能旋转开关转至此处，并确保已切断待测电路的电源。将红色测试表笔插头插入插口，并将黑色测试表笔插头插入 COM 插口；将测试表笔的探针接触被测电路的测试点，测量其电阻；此时显示屏上的读数值就是被测电阻值，如图 5-4 所示。

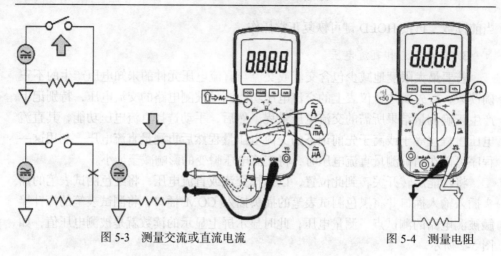

图 5-3　测量交流或直流电流　　　　　　　图 5-4　测量电阻

6. 维护说明

除更换电池和保险管外，若非合格的专业技师并且拥有足够的校准、性能测试和维修仪器，切勿尝试修理或保养您的仪表。建议校准周期为 12 个月；可以用微湿布和少许清洁剂定期擦拭仪表的外壳。请勿使用磨料或溶剂。插孔若弄脏或潮湿可能会影响读数。要清洁插口。关闭仪表并且断开测试表笔；把插口内可能的灰尘摇掉；取一个新棉棒沾上酒精，清洁每个输入插口内部；用一个新棉棒在每个插口内涂上薄薄一层精密机油。

### 5.1.2　光源及光功率计的工作原理与使用方法

1. 光源

光纤通信测量中常见的光源有两种：稳定光源、可见光源。

稳定光源是测量光纤衰减、光纤连接损耗以及光器件的插入损耗等不可缺少的仪表。根据光源种类分为发光二极管 LED 式和激光二极管 LD 式两类。

可见光光源是测量简单的光纤近端断线障碍判断、微弯程度判断、光器件的损耗测量、端面检查、纤芯对准及数值孔径测量等，以氦-氖激光器作为发光器件。

2. 光功率计

光功率计：用来测量光功率大小、线路损耗、系统富裕度及接收机灵敏度等的仪表，是光纤通信系统中的入门测量仪表。

光功率计的分类，根据显示方式，可分为模拟显示型和数字显示型；按接收波长不同，可分为长波长型(1.0～1.7μm)、短波长型(0.4～1.1μm)和全波长型(0.7～1.6μm)。

光功率计一般都由显示器和检测器两部分组成。如图 5-5 是一种典型的数字显示式光功率计的原理框图。

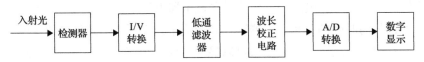

图 5-5　数字光功率计原理框图

3. 光源、光功率计测试链路损耗步骤

(1) 开机检查电源能量情况，并预热光源 5～10min。

(2) 设置：按需要设置光源如连续状态(CW)或调制状态(M)及频率、波长选择、功率单位(一般为 dbm)，确认一致性。

(3) 校表：将两段(3M)已知标准尾纤用已知标准珐琅盘连接，两端分别配套耦合入光源、功率计的连接口，记录功率值，连续耦合 3 次，作平均记为入射功率 $P_1$。

(4) 测量：在需测链路的两端用尾纤通过 ODF 珐琅盘将仪表和光缆终端耦合，注意清擦连接部位，待读数稳定后，记录功率值为出射功率 $P_2$。链路衰减即为 $a(\mathrm{dB}) = P_1 - P_2$。

### 5.1.3　ODTR 的工作原理与使用方法

ODTR 即光时域反射仪(optical time-domain reflectometer)一个使用率非常高的光纤测试仪表，在光缆线路维护中起着重要的作用，它能实现多种测试功能：长度测试、定位测试、损耗测试、特殊测试。光时域反射仪外观如图 5-6 所示。

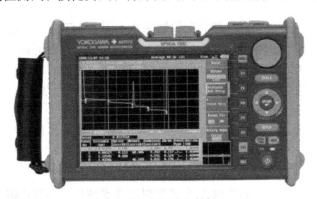

图 5-6　光时域反射仪

1. 工作原理

OTDR 利用其激光光源向被测光纤发送一光脉冲来实现测量。用户可以对光脉冲宽度这一参数进行选择。由光纤本身或光纤上各特征点上会有光信号沿光纤反射回 OTDR。反射回的光信号又通过一个定向耦合器耦合到 OTDR 的接收器并在这里转变成电信号，最终经过分析后在显示器上显示出结果曲线。OTDR 通过测量反射信号与时间的关系进行测试。时间值乘以光纤中光纤传播的速度可以得到距离参数的值。这样，OTDR 就可以显示出反射光信号的相对强度与距离之间的关系曲线。光时域反射仪工作原理如图 5-7 所示。

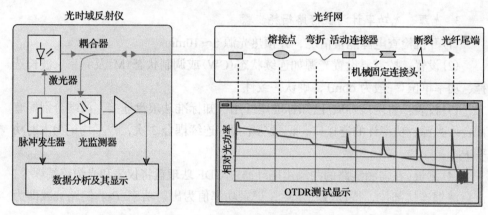

图 5-7　光时域反射仪工作原理

**2. OTDR 中的主要参数**

**1) 两个固有参数**

折射率：就是待测光纤的实际折射率，这个数值由光纤的生产厂家给出，单模石英光纤的折射率大约在 1.4～1.6。越精确的折射率对提高测量距离的精度越有帮助。

后向散射系：两条光纤的后向散射系数不同，OTDR 上可能出现被测光纤"增益"现象，这是由于连接点的后端散射系数大于前端散射系数，导致连接点后端反射回来的光功率反而高于前面反射回的光功率的缘故，就是常说的接头"增益"的情况。遇到这种情况，建议用双向测试平均取值的办法对该光纤进行测量。

**2) 四个测量参数**

测试距离：测试距离就是光在光纤中的传播速度乘上传播时间。测量时选取适当的测试距离可以生成比较全面的轨迹图，对有效的分析光纤的特性有很好的帮助，一般选取整条光路长度的 1.5～2 倍最为合适。

测试光波长：就是指 OTDR 激光器发射的激光波长。一般长距离测试的时候适合选取 1550nm 作为测试波长，而普通的短距离测试选取 1310nm 为宜，视具体情况而定。

脉冲宽度：在光功率大小恒定的情况下，脉冲宽度的大小直接影响激光能量的大小，光脉冲越宽光的能量就越大。同时脉冲宽度的大小也直接影响着测试盲区的大小，也就决定了两个可辨别事件之间的最短距离，即分辨率。显然，脉冲宽度越小，分辨率越高，脉冲宽度越大分辨率越低，如图5-8所示。

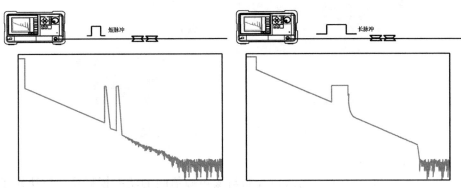

图 5-8　脉宽影响动态范围和盲区示意图

多数 OTDR 允许用户选择注入被测光纤的光脉冲宽度参数。幅度相同的较宽脉冲的能量要大于较窄脉冲的能量。这样，较宽脉冲会产生较大的反射信号（较高的背向散射电平）。这就是说脉冲宽度越大，OTDR 的动态范围也越大。盲区会随脉冲宽度的宽而变大。在上面的例子中，一个窄脉冲带来的是较小的盲区，使得光纤中部的两个机械接头被分辨出来，但是由于窄脉冲使得 OTDR 的动态范围过小，这样对光纤尾部的观测就不够清晰。选择宽脉冲时 OTDR 的动态范围足够大使得我们可以对光纤尾部进行清晰有效的观测，但这时 OTDR 的盲区过长我们分辨不出光纤上的两个机械接头。这就是为什么用户可以对脉冲宽度进行选择的原因。如需对靠近 OTDR 附近的光纤和紧邻事件进行观测时我们要使用窄脉冲，如需对光纤远部进行观测时我们要选择宽脉冲。

平均值：为了在 OTDR 形成良好的显示图样，根据用户需要动态的或非动态的显示光纤状况而设定的参数。要确知该点的一般情况，减少接收器固有的随机噪声的影响，要求其在某一段测试时间内的平均值，可根据需要设定该值；如果要求实时掌握光纤的情况，那么就需要设定平均值时间为0。

OTDR 向测光纤反复发送光脉冲。将每次扫描的曲线进行平均后可得到结果曲线。这样接收器的随机噪声就会随平均时间的加长得到抑制。在 OTDR 的显示曲线上体现为噪声电平随平均时间的增长而下降。于是动态范围会随平均的增长而加大。在第一分钟的平均时间内，动态范围性能的改善显著。在接下来的平均时间增加过程中动态范围的改善逐渐变缓。如图5-9所示，平均时间可降低测试结果曲线的噪声水平，提高判读精度。长的平均时间使得能够获得较好的结果曲线。如果使用较短的测试脉宽或测试较长的光缆区段，就应该选择较长的平均时间。

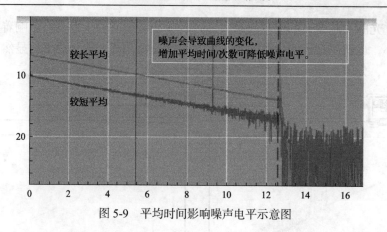

图 5-9　平均时间影响噪声电平示意图

3）三个性能参数

（1）动态范围：表示后向散射开始与噪声峰值间的功率损耗比。它决定了 OTDR 所能测得的最长光纤距离。如果 OTDR 的动态范围较小，而待测光纤具有较高的损耗，则远端可能会消失在噪声中。

（2）分辨率：OTDR 是从返回的信号中通过一定的间隔抽样取值的，事实上它的曲线是由离散的点组成的，那么抽样时钟的准确性、抽样间隔的盲点，都是客观存在的，它在影响着距离精度，即点分辨率。另外，屏幕显示的分析刻度也会影响着某些点的分辨能力。

把初始背向散射电平与噪声底电平的 DB 差值定义为 OTDR 的动态范围。动态范围的大小决定了 OTDR 可测光纤的最大长度，如果 OTDR 的动态范围不够大，背向散射信号电平就会小于 OTDR 本底噪声，这样诸如接头等小特征点的观测就会受到影响和妨碍。例如，一个与光纤中部的类似的小熔接点在光纤尾部附近时就有可能成为不可见特征点。所以，人们总是希望 OTDR 的动态范围越大越好。OTDR 对反射信号按一定间隔进行采样（数字化）。然后再将这些分离的采样点边接起来形成最后显示的测量曲线。如果将下方框中的各采样点之间用直线连接起来就可以在 OTDR 上显示测量曲线。在这个例子里，上方框图中脉冲的上升沿就是反射的确切位置。然而，由于采样点的有限精度，这一特定的反射点并没有成为采样点。最理想的测量情况是在该上升沿处正好为一采样点。这样由于采样点具体位置的偏差就带来了距离的测量误差。对这种误差的解决方案通常是加大采样点数量。然而在进行长距离测量时由于诸如折射率设定偏差等因素引起的距离测量误差会更大，如图 5-10 所示。

（3）盲区：盲区的产生是由于反射信号淹没散射信号并且使得接收器饱和引起，通常分为衰减盲区和事件盲区两种情况。

将由诸如活动连接器和机械接头等特征点产生反射后引起 OTDR 接收端饱和而带来的一系列"盲点"称为盲区。不仅 OTDR 前面板的活动连接器，而且光纤中其他的活动连接器都会引起盲区。

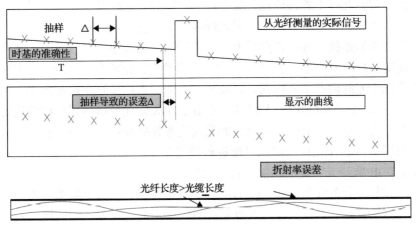

图 5-10　采样间隔示意图

衰减盲区：从反射峰的起始点到接收器从饱和状态恢复到线性背向散射上 0.5dB 点之间的距离。(贝尔实验室文件建议的指标是 0.1dB，但 0.5dB 是一个更常用的指标值)，如图 5-11 所示。

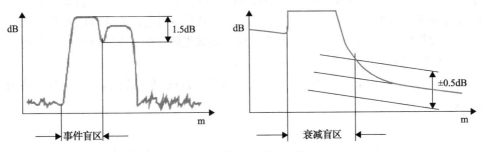

图 5-11　事件盲区和衰减盲区

事件盲区：从反射峰的起始点到接收器从饱和峰值恢复 1.5dB 之间的距离。在这点上紧接的第二个反射为可识别反射，但这时损耗和衰减仍为不可测事件。盲区也被称为 OTDR 的 2 点分辨率，因为它决定了 2 个可测特征点的靠近程度。对 OTDR 来说，其盲区越小越好。

3. OTDR 的功能

光时域反射仪能实现如下多种测试功能：

长度测试：例如单盘测试长度、光纤链路长度。

定位测试：如光纤链路中的熔接点、活动连接点、光纤裂变点、断点等位置。

损耗测试：各种事件点的连接、插入、回波损耗，单盘或链路的损耗和衰减。

特殊测试：例如据已知长度光纤推测折射率等。

我们可以根据这一曲线在确定被测光纤中的以下各重要特性：

距离：被测光纤上各特征点，光纤尾端或断裂处的位置。

损耗：诸如一个单个熔点或整根光纤端到端的衰耗。

反射：诸如连接器等事件点反射(或回波损耗)的大小。在光纤的安装施工过程中，使用 OTDR 确认各熔接头和活动连接器的损耗足够小，是否存在由于微弯或外力作用于光纤而产生的损耗，以及光纤的全部损耗是否在规定指标之内。在光纤链路的日常维护过程中，人们可以使用 OTDR 对光纤链路周期性的进行测试来确认被测光纤链路没有产生劣化。如果发生光纤故障(例如，光缆被切断)，人们可以使用 OTDR 来定位故障点以便进行修复工作。

用 OTDR 监测光纤接续，常用的有两种方法。

第一种是前向单程测试法，OTDR 在光纤接续方向前一个接头点进行测试，采用这种方法监测，测试点与接续点始终只隔一盘光缆长度，测试接头衰耗较为准确，测试速度较快，大部分情况下能较为准确的取得光纤接续的损耗值，但缺点是所测得的损耗值全部是单向测试数据，还不能全面、精确地反映光纤接续的真正的损耗值。

第二种是前向双程测试法，OTDR 测试点与接续点的位置仍同前向单程监测布置一样，但需在接续方向的最始端做环回，即在接续方向的始端将每组束管内的光纤分别两两短接，组成环回回路，由于增加了环回点，所以 OTDR 测试可以测出接续损耗的双向值，用 OTDR 前向双程测试光纤，两方向测试的结果有时会不同，主要原因是光纤芯径和相对折射率均不相同时(即不同品牌或不同批次的光纤熔接)，不仅会造成熔接损耗增加，还会造成 OTDR 两个方向(A 端到 B 端或 B 端到 A 端)的测量值相差很大。

4. 测试操作步骤

(1)利用光功率计确认被测光纤无光，并检查对端没接入其他设备、仪器。

(2)清擦待测光纤，按图 5-12 接线图正确将待测光纤插入 OTDR 的耦合器内。

(3)OTDR 的参数设置。

波长选择：一般常用 1310nm、1550nm，可根据要求选择。

脉宽设置：40km 以下推荐 300ns，50~80km 推荐 500ns，80km 以上推荐1000ns，可用反射峰的尖锐度来简单判断脉宽的设置合适情况，有时链路衰减过大可选用高一级脉宽。

量程设置：按待测光纤长度 1.5~2 倍近似设置。

平均时间：一般采用统计平均的方法来提高信噪比，平均时间越长，信噪比越高。

光纤参数：光纤参数的设置包括折射率 n 和后向散射系数的设置。这两个参数需根据光纤生产厂家给出的值进行设置。

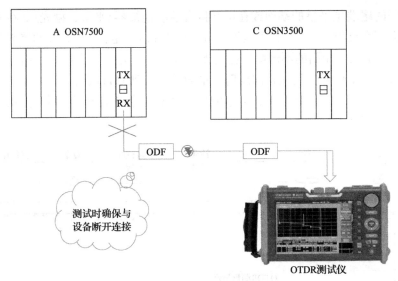

图 5-12　线路故障定位测试连接图

(4) 开始测试，并对测量曲线进行分析。

(5) 备份曲线：按选择存储空间→命名轨迹→存储轨迹步骤即可。

(6) 提取曲线：按选择存储空间→找到轨迹→调出轨迹即可。

(7) 打印曲线：按显示需要数值→放大打印部位→打印。

5. OTDR 常见曲线分析

(1) 非反射事件曲线。如图 5-13 所示，熔接、弯折引起的曲线。

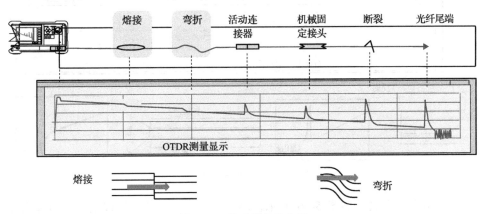

图 5-13　非反射事件曲线

(2) 反射事件。如图 5-14 所示，机械固定接头、活动连接器和光纤断裂都会引起光的反射和衰耗。

(3) 光纤末端。如图 5-15 所示，光纤的尾端通常有 2 种情况。第一种情况是：

如果光纤的尾端是平整的端面或在尾端接有活动连接器(平整，抛光)。在光纤的尾端就会存在反射率为 4% 的菲涅尔反射。第二种情况是：如果光纤的尾端是破裂的端面。由于尾端端面的不规则性会使光线漫射而不会引起反射。在这种情况下，光纤尾端的显示信号曲线从背向反射电平简单地降到 OTDR 噪声底电平下。虽然破裂的尾端也可能会引起反射，但它的反射峰不会像平整尾端或活动连接器带来的反射峰值那么大。

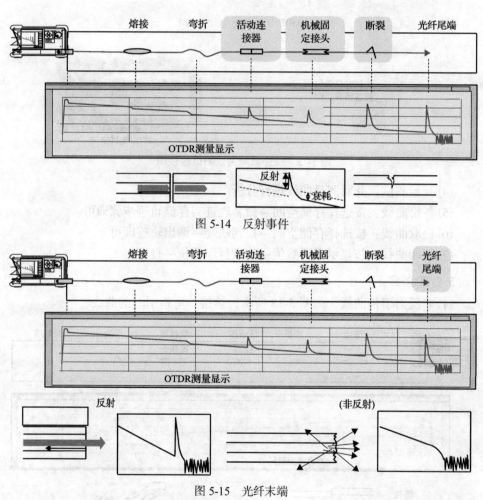

图 5-14　反射事件

图 5-15　光纤末端

　　(4)伪增益现象。如图 5-16 所示，因为接头是无源的，所以它只能引起损耗而不是增益。由于 OTDR 对接头损耗的特有测量方式，所以在 OTDR 测量曲线上我们也常能看到"增益"点。如果某一特定的接头的测量结果是增益点时，那么不论人们使用什么品牌的 OTDR 其测量结果都是增益点。OTDR 通过比较接头前后背向散射电平的测量值来对接头的损耗进行测量，接头上的损耗会使接头后的背向散射电平小于接头前的背向散射电平。然而，如果接头后光纤的散射系数较高时(这时对同样的传送光强会引起较大的背向散射)。接头后面的背向散射电平就可能大于接头前的背向散射电平，抵消了接头的损耗。在这种情况下，获得该接头损耗真实值的唯一方法是用 OTDR 从被测光纤的两端分别对该接头进行测量，并将两次测量结果取平均。总之，如果某接头在 OTDR 上测量结果是增益点时，那么该接头的损耗会非常小。

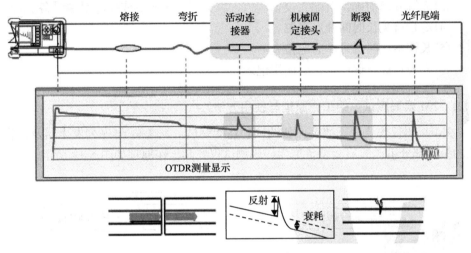

图 5-16　伪增益现象

(5)鬼影(幻峰)现象。如图 5-17 所示，常见的鬼影由于连接器连续反射造成，通常在短链路测试中常出现。鬼影是因为被测光纤末端的反射较大，返回到入射端后，由于入射端端面同时存在较大的反射，使部分反射光第二次到达光纤末端，

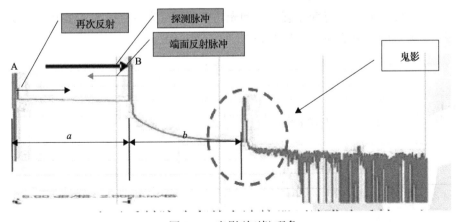

图 5-17　鬼影(幻峰)现象

形成鬼影。其特点是，二次反射峰到 B 点的距离 b 正好是 B 点到 A 点的距离 a，这样在 OTDR 形成的轨迹图中会发现在噪声区域出现了一个反射现象。

6. 注意事项及保养

(1)注意存放、使用环境要清洁、干燥、无腐蚀。

(2)光耦合器连接口要保持清洁，在成批测试光纤时，尽量采用过渡尾纤连接，以减少直接插拔次数，避免损坏连接口。

(3)光源开启前确认对端无设备接入，以免损坏激光器或损坏对端设备。

(4)尽量避免长时间开启光源。

(5)长期不用时每月作通电检查。

(6)专人存放、保养，做好使用记录。

### 5.1.4　2M 误码测试仪的工作原理与使用方法

2M 误码仪主要用于数字设备调试和性能测试。发送端 m 序列发生器及接收端的统计部分组成的成套设备称为误码测试仪。其工作原理如图 5-18 所示。

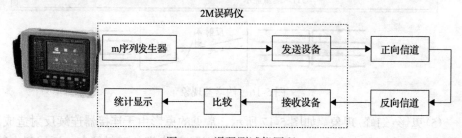

图 5-18　误码测试仪原理

1. 光端机的接收灵敏度测试

利用 2M 误码仪、可变光衰减器和光功率计测试光端机接收灵敏度的接线及数字配线架(DDF)跳线如图 5-19 所示。

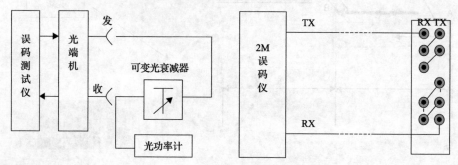

图 5-19　测试光端机的接收灵敏度接线图

2. 2M 业务误码测试

2Mbit/s 通道误码测试主要在工程施工、工程验收及日常维护时使用，可准确地测试出被测系统的误码特性，连接方式如图 5-20 所示。

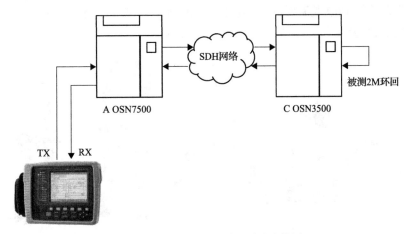

图 5-20　2Mbit/s 业务误码测试连接图

3. 2M 业务误码测试操作步骤

(1)将被测 2M 向网管网元侧进行环回。

(2)网管网元侧对应 2M 连接至 2M 误码测试仪。

(3)进行仪表发送和接收数据设置：选 2M 接口，伪随机码型 215-1、信号端口终接。

(4)查看仪表面板告警灯：若 LOS 灯亮，则与设备未接通，可能是测试线收发接反或测试线不好；若 AIS 灯亮，先进行设备本地环回检查，然后检查被测电路。

(5)查看仪表结果，并将测试情况进行记录。

4. 注意事项

(1)使用外接交流电时，必须加接性能良好的电源稳压器。

(2)在每次测试前，需检查电池电量，并将仪器信号输出端和输入端短接，观察告警指示灯，应该都不亮。

## 5.2　通信线缆制作与布线

掌握制作布放网线和同轴电缆是电力通信最基本的技能，同轴电缆作为 2M 通道承载物理介质在工程建设中普遍应用。

### 5.2.1　L9 接头与同轴电缆的连接制作

1. 准备的工具、材料

我们制作同轴电缆需要的工具包括，压线钳、剥线钳、烙铁、焊锡、斜口钳、同轴电缆、L9 公接头。材料工具如图 5-21 所示。

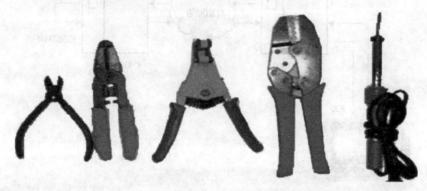

图 5-21　材料工具

直式 L9 公接头与同轴电缆的组件如图 5-22 所示，包括 A 连接器保护套筒、B 压接套筒、C 连接器插头、D 同轴线护套、E 同轴线外导体、F 同轴线绝缘、G 同轴线内导体。

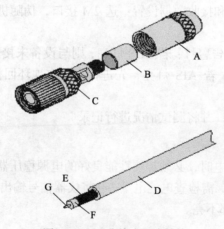

图 5-22　L9 公接头组成结构

2. 操作步骤

操作步骤包括：剥缆、套插各部件、焊接、压接、旋紧。

1) 剥缆

如图 5-23 所示，将同轴电缆剥开，露出同轴电缆外导体、同轴电缆绝缘和同轴电缆内导体，其中常用电缆保留的外导体长度 $L_1$、保留的绝缘长度 $L_2$ 和护套剥开长度 $L_3$ 的推荐长度如表 5-1 所示。

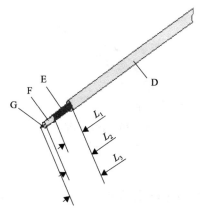

图 5-23　剥缆示意图

表 5-1　常用同轴电缆剥线尺寸表

| 线材型号 | 线材外径/mm | $L_1$/mm | $L_2$/mm | $L_3$/mm | 备注 |
|---|---|---|---|---|---|
| SYFVZ-75-1-1（A） | 2.2 | 5～6 | 7～9 | 10～12 | — |
| SYV-75-2-2 | 3.9 | 5～6 | 7～9 | 10～12 | 国干 155M- Ⅰ |
| SYV-75-4-2 | 6.7 | 5～6 | 7～9 | 10～12 | 国干 155M- Ⅲ |
| SFYV-75-2-1 | 3.2 | 5～6 | 7～9 | 10～12 | 国干- Ⅱ |
| SFYV-75-2-2 | 4.4 | 5～6 | 7～9 | 10～12 | 国干 155M- Ⅱ |

剥同轴电缆护套时，注意不要划伤同轴的外导体或屏蔽。

如果无法判断线材的剥线尺寸，可根据连接器的尺寸来定义线材剥线尺寸。如图 5-24 所示。

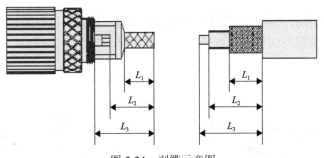

图 5-24　剥缆示意图

2）套入保护套筒和压接套筒

如图 5-25～图 5-27 所示，将保护套筒 A、压接套筒 B 先后套入同轴电缆中，将同轴电缆的外导体展开成"喇叭"形将同轴电缆的绝缘和内导体部分插入同轴连接器插头，同轴电缆的外导体部分包覆住同轴连接器的外导体。

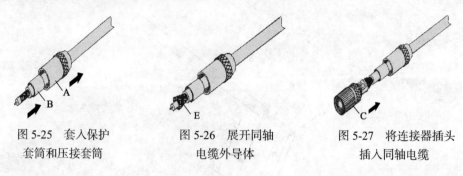

图 5-25　套入保护　　　　图 5-26　展开同轴　　　　图 5-27　将连接器插头
　套筒和压接套筒　　　　　　电缆外导体　　　　　　　插入同轴电缆

3）焊接

用焊接工具将同轴电缆的内导体焊接到同轴连接器插头的内导体上，如图 5-28 所示。

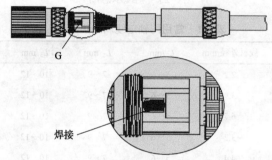

图 5-28　焊接示意图

注意事项：使用带接地的烙铁并保证接地良好，或将要制作的电缆与设备分离，防止漏电烧坏设备。

4）压接

如图 5-29 所示，将压接套筒往连接器方向推，压紧同轴电缆的外导体，用压接工具将压接套筒与同轴连接器插头压接在一起。

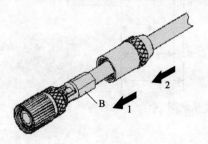 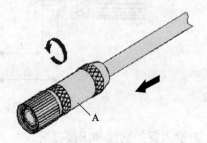

图 5-29　压接示意图　　　　　　图 5-30　旋紧示意图

5)旋紧保护套筒

如图 5-30 所示，将保护套筒向前推，与连接器插头上的螺纹相连接，螺纹紧固后完成。

### 5.2.2 RJ-45 接头与以太网线连接制作

1. 准备工具、材料

如图 5-31 所示，制作网线所需工具包括网线钳(也称 RJ-45 钳)、测试(通)仪、水晶头和网线(双绞线)。

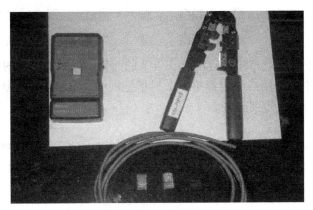

图 5-31　工具准备

2. 操作步骤

操作步骤包括：剥缆、排线、剪线、插线、压线。

1)剥缆

如图 5-32 所示，一般是左手拿网线，右手拿网线钳。然后把网线放入网线钳子下部的一个圆槽中，慢慢转动网线和钳子，把网线的绝缘皮割开。注意此过程

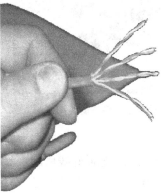

图 5-32　剥缆示意图

中用力要恰到好处，过轻则剪不断绝缘皮；过重则会把里面的网线剪断。那网线该剪多长呢？过长则浪费线，过短则待会排线的时候比较困难，一般建议 1.5～2.5cm。网线是由 8 根铜线两两绞合在一起组成的，所以网线一般被称为双绞线，他们分别是橙色、绿色、蓝色和棕色，剩下的是四根白线，但这四根白线并不相同，由与它缠绕在一起的色线将这四根白线区分为橙白、绿白、蓝白、棕白。

2）排线

现在有两种做线的标准，568A/568B。他们的排线顺序分别是这样的：

|  | 1 | 2 | 3 | 4 | 5 | 6 | 7 | 8 |
|---|---|---|---|---|---|---|---|---|
| 568B | 橙白 | 橙 | 绿白 | 蓝 | 蓝白 | 绿 | 棕白 | 棕 |
| 568A | 绿白 | 绿 | 橙白 | 蓝 | 蓝白 | 橙 | 棕白 | 棕 |

现在用得最多的是 568B 标准。在排线的时候，一般用左手的食指和大拇指按住绝缘皮的顶部，用右手的食指和大拇指把网线一根根拉直，然后按照 568B 的顺序把网线一根根排列起来。

3）剪线

如图 5-33 所示，线排好了，接下来就该把线剪断了。一般建议留 1～1.5cm。剪线要干脆果断，一次下去，就把多余的线全剪完，并且要求线头是整齐的。剪线的过程中要注意安全。

4）插线

如图 5-34 所示，剪断线后，左手不要松开，右手拿着水晶头，把网线慢慢放入水晶头内。把水晶头有金属片的那边面对我们，则左手边第一根脚就是第一脚。切记，在送线的过程中要均匀的用力，否则可能会串线。

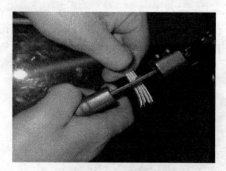

图 5-33　平齐剪线图

图 5-34　平齐插线图

5）压线

如图 5-35 所示，把插好线后的水晶头放入网线钳的专用压线口中，右手慢慢地用力，把弹簧片压紧。建议压完一次后，退出水晶头，重新插入，再压一次。压线过程中要注意安全。

图 5-35　压线图

3. 测试电缆通断

制作完电缆接头后需对同轴电缆和网线进行通断测试,以判断是否有虚焊、漏焊、短路,以及中继电缆在 DDF 架上连接是否正确。

在电缆布放、绑扎以及装接接头过程中,可能造成电缆开路或断路。因此在上述过程完成后,需要测试电缆的通断。

### 5.2.3　通信综合布线

1. 缆线布放的基本要求

(1)电源线与其他缆线应分道单独布放,若条件不允许,需与其他线缆在一个走道布线时,其间距应大于 60mm;如有交叉,信号线缆应布放在上方;电源线必须采用整段线料,中间无接头。

(2)槽道内缆线应顺直,不得有明显扭绞现象、不得溢出槽道、在拐弯处不得有死弯、缆线进出槽道部位应绑扎牢固、缆线不得有中间抽头。

(3)走道缆线捆绑要牢固,绑扎间隔均匀,松紧适度,做到紧密、平直、端正;对缆线绑扎固定时,应根据缆线的类型、缆径、缆线芯数分束绑扎、以示区别,也便于维护检查。

(4)每根线缆的两端应挂上相同或相对应的标示牌。

2. 音频配线架的作用和构成

音频配线架(VDF)是用于通信交换机房或通信中心机房,一般由接线排、保安单元、走线部分、机架等组成。在接线排上,可以通过各种插塞、塞绳进行示明、断开,测试、调线等作业。

操作使用方法:

(1)在使用 VDF 时,首先应熟悉、了解音频配线架标识、分配资料,理解每个标识符号的意义,根据资料准确找到具体的端口和线对。

(2)目前,VDF 接线排的成端接续一般采用卡接式,每只模块下侧穿接内线电缆，上侧穿接跳线。局外电缆和跳线（内线电缆与跳线）应从模块的两端分别引进，并有线环及挡线杆作跳线的定位导向作用，可使跳线方便有序。

（3）卡线时，使用卡接刀的力度要均匀，方向与模块端子成水平，不能卡断芯线，芯线的绝缘层应该保留在端子上。卡线时遵循从上到下、从左到右的顺序排列。

（4）一般接线排上（有保安单元）具有接成端电缆与跳线的两个端子平时显断开状态，只有插入保安单元，才构成通路。在实际工作中，也可利用保安单元的开断来分段判断故障。

3. 光纤配线架的使用

1）光纤配线架的作用和构成

光纤配线架（ODF）是光传输系统中一个重要的配套设备，它主要用于光缆终端的光纤熔接、光连接器安装、光路的调接、多余尾纤的存储及光缆的保护等，它对于光纤通信网络安全运行和灵活使用有着重要的作用。光纤配线架主要有架体部分、走线部分、配线部分、熔接部分、光缆固定和接地部分组成。

2）操作使用方法

（1）在使用 ODF 时，首先应熟悉、了解和看懂 ODF 标识、分配资料。ODF 标识、分配资料主要包括 ODF 编号、模块编号、ODF 端口编号、对端局站设备编号、对应的本端设备编号、子架号、板槽位号、端口号以及收发关系等。

（2）光缆中引出的光纤与尾缆熔接后，将多余的光纤进行盘绕储存，并对熔接接头进行保护。将尾缆上连带的连接器插接到适配器上，与适配器另一侧的光连接器实现光路对接。适配器与连接器可能够灵活插、拔光路可进行自由调配和测试。

（3）通过适配器将跳纤与尾纤连通；在跳纤上做好标记，并在熔配盘单元箱盖上的标记牌上做好配纤记录，用扎带将跳纤成匝；将跳纤放在护线环上；跳纤经过护线挡、上走线槽至右边的挂线轮将冗余长度盘续后，由下走线槽返回左边经跳纤出口至外部光端设备。

（4）配线架内应有适当的空间和方式，规则整齐地放置机架之间各种交叉连接的光连接线，使这部分光连接线走线清晰，调整方便，并能满足最小弯曲半径的要求。

4. 数字配线架的使用

1）数字配线架的作用和构成

数字配线架（DDF）是数字复用设备之间、数字复用设备与程控交换设备或非话业务之间的配线连接设备，它具有配线、调线、转接和自环测试等功能，能方便地对通信电路进行调配、转接和测试。数字配线架（以仿西门子数字配线架为例）一般由同轴连接器、单元面板、走线部分、机架等组成。

2)操作使用方法

(1)和 VDF 相似,在使用 DDF 时,首先应熟悉、了解音频配线架标识、分配资料,理解每个标识符号的意义,根据资料准确找到具体的端口和缆线。

(2)同轴连接器装在单元板上,在物理结构上选用了同轴插头座上的面板上用螺母固定方式。只要同轴电缆有足够长度,在压好同轴插头后可任意插装在 DDF 的任一单元。此外它还采用了带测试孔的 Y 形三通连接器,可方便地进行数字信号带电测试操作。

## 5.3 光缆熔接与成端

本节介绍的是在电力通信实操过程中光缆熔接与成端操作流程和注意事项。

### 5.3.1 光纤熔接机的使用

1. 熔接机工作原理

光纤熔接机多采用纤芯直视法影像对准原理,通过特殊的光学成像方法,使放置在微调架上的光纤目视可见,并经过三维图像分析,通过微处理器控制,利用传感器来控制驱动马达,使待接续光纤的包层对准,并达到合理的间隙,再通过电极放出高压电弧,使两侧光纤熔融在一起,如图 5-36 所示。

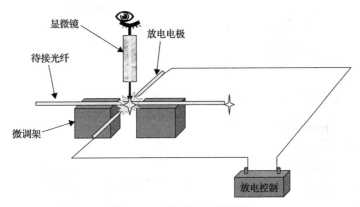

图 5-36 光熔接机对准原理

2. 光纤熔接机工作步骤

1)参数设置

(1)光纤外形或种类选择,包括单模、多模、特种光纤,以及用户可自行编辑组合的各种类型光纤,不同厂家光纤对接等。

(2)对芯方式,有些熔接机有选择调节对芯方式的功能,如纤芯对准、外径对准和预偏芯对准等。

(3)数据显示存储设置，熔接机可以存储接续记录，可选或不选。

(4)放电试验，熔接机可通过放电试验来自动检验调节放电电极状态，方法是截取待接光纤，制备端面后放入熔接机，选择放电试验，熔接机会自动放电预熔，直至达到合理状态。

(5)其他例如日期、时间调节等。

2)方式选择

(1)熔接方式选择，包括自动、手动、分步。

(2)通信，可以外接计算机控制。

(3)参数修改，一般应由专业人员查看、设置。

(4)维护状态，包括马达运转检查，电极检查、保养、更换等。

(5)光纤命名，作存储时用。

(6)加热条件，是选择光纤热可缩保护管的加热参数，可以设置加热长度和加热条件来调整加热时间或效果。

3)熔接机自动熔接操作流程

熔接机自动熔接操作流程如图 5-37 所示。

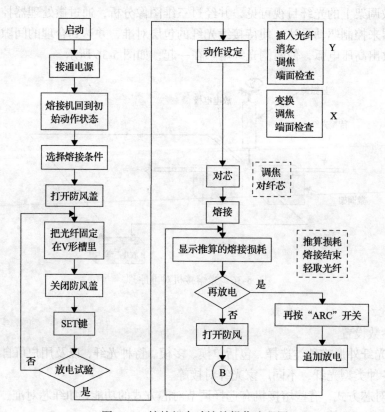

图 5-37　熔接机自动熔接操作流程图

4) 热熔加强保护

完成接续、取出光纤、熔接机复位后，要进行光纤接头的热熔加强保护，要使用质量合格的热熔保护管(加热后均匀收缩，无气泡、凹凸和流液现象)，光纤接续点应在保护管中心，涂覆层离接续点距离应大于6mm，放置在热熔炉中时应按顺序逐侧合上光纤钳夹，保持光纤笔直。

3. 质量评判

从熔接机显示屏上显示的光纤接续点放大图形，可以判断接续质量，以下列举熔接质量不正常情况，如表5-2所示。

表5-2　熔接质量不正常情况表

| 屏幕上显示图形 | 形成原因及处理方法 |
| --- | --- |
|  | 由于端面尘埃、结露、切断角不良以及放电时间过短引起。熔接损耗很高，需要重新熔接 |
|  | 由于端面不良或放电电流过大引起，需重新熔接 |
|  | 熔接参数设置不当，引起光纤间隙过大。需要重新熔接 |
|  | 端面污染或接续操作不良。选按"ARC"追加放电后，如黑影消失，推算损耗值又较小，仍可认为合格。否则，需要重新熔接 |

以下列举熔接质量正常情况，如表5-3所示。

表5-3　熔接质量正常情况表

| 屏幕上显示图形 | 形成原因及处理方法 |
| --- | --- |
| 白线 | 光学现象，对连接特性没有影响 |
| 模糊细线 | 光学现象，对连接特性没有影响 |
| 包层错位 | 两根光纤的偏心率不同。推算损耗较小，说明光纤仍已对准，属质量良好 |
| 包层不齐 | 两根光纤外径不同。若推算损耗值合格，可看做质量合格 |
| 污点或伤痕 | 应注意光纤的清洁和切断操作，不影响传光 |

4. 保养事项

(1)熔接机作为一种专用精密仪器平时应注意尽量避免过分地震动注意防水、

防潮，可在机箱内放入干燥剂，并在不用时放在干燥通风处。

(2)另保持升降镜、防风罩反光镜的镜面清洁，一般不要自行擦拭。

(3)保持 V 形槽的清洁，可用酒精棒擦拭。

(4)保持压板、压脚的清洁，可用酒精棒擦拭，压上时要密封。

(5)注意防风罩的灵敏性。在做熔接准备工作以及放入光纤后，不要打开防风罩，避免灰尘进入。

(6)野外所使用的电源主要以发电机为主，电压不太稳定时，需要增加稳压器，待电压稳定以后再接入熔接机适配器。如有电池，应严格按充放电要求进行充放电。

(7)熔接机的摄像镜头和反射镜面要防止灰尘。不要用嘴对着镜头哈气。

(8)熔接机的 V 形槽夹具是一种精密的陶瓷，不能用高压的气体进行冲刷，有灰尘时可用一根竹制的牙签，将其削成 V 形，带棉球蘸取少量的酒精进行清洁。

(9)由于所切割的光纤种类较多，如果发现某一种光纤的切割断面质量一直不好，有必要进行调整。调整的时候需要结合熔接机，在熔接机的显示屏下进行调整。

(10)熔接机的使用原则：熔接机，包括切割刀必须专人使用，专人保养。

5. 光纤接续时常见故障的处理

(1)开启熔接机开关后屏幕无光亮，且打开防风罩后发现电极座上的水平照明不亮。

解决方法：①检查电源插头座是否插好，若不好则重新插好。②检查电源保险丝是否完好，若断开则更换保险丝。

(2)光纤能进行正常复位，进行间隙设置时屏幕变暗，没有光纤图像，且屏幕显示停止在"设置间隙"。

解决方法：检查并确认防风罩是否到位或簧片是否接触良好。

(3)开启熔接机后屏幕下方出现"电池耗尽"且蜂鸣器鸣叫不停。

解决方法：①一般出现在使用电池供电的情况下，只需更换供电电源即可。②检查并确认电源保险丝盒是否拧紧。

(4)光纤能进行正常复位，进行间隙设置时光纤出现在屏幕上但停止不动，且屏幕显示停止在"设置间隙"。

解决方法：①按压"复位"键，使系统复位。②检查是否存在断纤。③检查光纤切割长度是否太短。④检查压纤槽与光纤是否匹配，并进行相应的处理。

### 5.3.2　光缆接续操作步骤

1. 光缆护层的开剥处理

按接头盒内光纤最终余长不小于 60cm 的规定，用专用工具开剥。注意控制好进刀深度，防止缆芯损伤。

光缆接头处开剥后，光纤应按序做出色谱记录。光缆端别的规定：面对光缆断面，红色松套管为起始色，绿色松套管为终止色。常用光纤色谱为：蓝、橙、绿、棕、灰、白、红、黑、黄、紫、粉红、青绿。

2. 加强芯、金属护层等接续处理

加强芯、金属护层的连接方法，应按选用接头盒的规定方式进行。金属护层和加强芯在接头盒内电气性能连通、断开或引出应根据设计要求实施。

需要强调的是，光缆在接头盒内固定时一定要进行较好的打毛、清洁，并恰当地缠绕自粘胶带。

3. 单纤接续

详见 5.3.1 内容。

4. 盘纤

1) 盘纤规则

(1) 沿松套管或光缆分歧方向为单元进行盘纤，前者适用于所有的接续工程；后者仅适用于主干光缆末端且为一进多出。分支多为小对数光缆。该规则是每熔接和热缩完一个或几个松套管内的光纤或一个分支方向光缆内的光纤后，盘纤一次。

(2) 以预留盘中热缩管安放单元为单位盘纤，此规则是根据接续盒内预留盘中某一小安放区域内能够安放的热缩管数目进行盘纤。

2) 盘纤的方法

(1) 先中间后两边，即先将热缩后的套管逐个放置于固定槽中，然后再处理两侧余纤。常用于光纤预留盘空间小、光纤不易盘绕和固定的情况下。

(2) 从一端开始盘纤，固定热缩管，然后再处理另一侧余纤。

(3) 特殊情况的处理，如个别光纤过长或过短时，可将其放在最后，单独盘绕；带特殊光器件时，可将其另一盘处理，若与普通纤共盘时，应将其轻置于普通光纤之上，两者之间加缓冲衬垫，以防止挤压造成断纤，且特殊光器件尾纤不可太长。

(4) 根据实际情况采用多种图形盘纤，尽可能最大限度利用预留空间和有效降低因盘纤带来的附加损耗。

(5) 每次盘纤后，用 OTDR 对所盘光纤进行例检，以确定盘纤带来的附加损耗。

5. 光缆接头盒密封

不同结构的接头盒，其密封方式也不同。具体操作中，按接头盒的规定方法，严格按操作步骤和要领进行。

6. 注意事项

(1)在光缆接续工作开始前，必须清楚接续指标、基本要求。

(2)要熟练进行熔接机和工具的操作使用。

(3)熟悉所用的光缆接头盒的性能、操作方法和质量要点，对于第一次采用的接头盒，应按接头盒附带的操作说明和接续规范编写出操作规程，必要对进行预先业务培训，避免盲目作业。

(4)准备好接续时登记用的表格、现场监测记录表格等相应的资料。

## 5.4　网络设备配置与调试

本节介绍的是在电力通信实操过程中网络设备配置与调试基础操作。

### 5.4.1　交换机的配置与运行

1. 交换机配置的基础知识

1)模块、端口、VLAN 编号规则及 MAC 和 IP 地址表示常识

(1)模块和端口的编号规则当指定某个端口时，语法格式为"模块号/端口号"。例如，3/1 表示位于第 3 个模块上的第 1 个端口。模块化交换机一般会在插槽位置处标明模块号，并在模块上标明端口号(如图 5-38 所示)。通常情况下，模块的排序为从上到下，顶端为 1；端口的排序从左至右，左侧为 1。需要注意的是，固定配置交换机上的所有端口都默认为位于 0 模块(如图 5-39 所示)。

当需要键入端口列表时，使用逗号"，"将各端口号分开，"，"前后不能插入空格；使用连字符"-"可指定端口范围，"-"号前要插入一个空格。在一个端口列表中，既可以有单个的端口，也可以有连续的端口，连字符优先于逗号。例如：

图 5-38　模块化交换机上的模块号和端口号

图 5-39　固定配置交换机上的端口号

指定模块 2 上的端口 2 和端口 4，以及模块 6 上的端口 5：2/2，2/4，6/5

指定模块 2 上的端口 3 至端口 5：2/3-5

指定模块 3 上的端口 1 至端口 3，以及模块 4 上的端口 8：3/1-3，4/8

(2)VLAN 的编号规则。在 VLAN 加上一个数字即为 VLAN-ID，用于识别 VLAN。在指定 VLAN 列表时，规则与端口号类似。例如：

指定 VLAN10：10

指定 VLAN2、VLAN5 和 VLAN8：2，5，8

指定 VLAN2 到 VLAN9，及 VLAN12：2-9，12

(3)MAC 地址和 IP 地址表示。在命令中指定 MAC 地址时，必须是以连字符分开的 6 个十六进制标准格式，如：00-21-e7-d6-86-77。在命令中指定 IP 地址时，必须使用点分十进制格式，如：192.168.100.1。在命令中指定子网掩码时，可以使用点分十进制格式，也可以采用数字方式直接表示掩码的位数，如：255.255.255.0，也可直接表示为 24。

2)交换机的配置工具

交换机等大多数网络设备都没有键盘、鼠标和显示器等输入、输出设备，需要借助于 PC 或笔记本电脑对交换机进行配置和管理。可以将 PC 或笔记本电脑的串口通过 Console 线缆连接到交换机的 Console(控制台)接口，也可以通过普通的网络连接，在 PC 或笔记本电脑上使用 Telnet、Web 浏览器或网络管理软件来对交换机进行配置和管理。

3)交换机的配置方法

交换机有自己的操作系统，交换机开机后会自动完成启动过程进入到正常运行状态。

交换机的初始化配置方法主要有两种，分别是对话式配置模式和 CLI 命令行模式：初次开机时，交换机启动完成后会自动运行一个对话式设置程序，根据提问键入必要的配置参数可以对交换机进行最基本的简单配置，主要是对交换机命名、设置管理 IP 地址信息、修改交换机的管理密码等，但是无法进行更全面的配置。如果需要对交换机进行全面的配置，需要进入命令模式，即在命令提示符下键入相应的命令和参数，输入的命令统称为 CLI(command-line interface)命令，输入命令的界面称为 CLI 命令行界面，通过 Console 端口连接超级终端进入的界面就是 CLI 命令行界面。

网络设备只有经过管理 IP 地址、管理密码、Telnet 密码等初始化配置以后，才可以通过 TELNET 登陆 CLI、Web 浏览器图形界面和网管系统等进行远程配置。使用图形界面配置更加直观简便，但功能不如 CLI 方式强大。每条 CLI 命令都必须在指定的模式下才能使用，可以使用相应的命令进入或退出某一命令行模式，或者在不同的模式之间进行切换。

4）CLI 命令行模式

Cisco IOS 共包括 6 种不同的命令模式：User EXEC（用户）模式、Privileged EXEC（特权）模式、Global Configuration（全局配置）模式、VLAN Configuration（VLAN 配置）模式、Interface Configuration（接口配置）模式和 Line Configuration（线路配置）模式。当在不同的模式下，CLI 界面中会出现不同的提示符。表 5-4 列出了 CLI 命令 6 种模式的用途、提示符、进入及退出方法。

表 5-4　CLI 命令模式一览表

| 模式 | 进入 | 提示符 | 退出 | 功能 |
|---|---|---|---|---|
| 用户模式 | 登录后的初始状态 | Switch# | 键入 logout 或 quit | 显示基本信息、基本测试 |
| 特权模式 | 在用户模式下键入 enable 命令 | switch# | 键入 disable | 用户模式下的所有命令；查看、保存等配置命令 |
| 全局配置模式 | 在特权模式下键入 configure terminal 命令 | switch(config)# | 键入 exit 或 end 或按 Ctrl+Z 返回至特权模式 | 交换机整体参数配置 |
| 接口配置模式 | 在全局配置模式下键入 interface 命令（interface f0/1） | switch(config-if)# | 键入 exit 返回到全局配置模式，按 Ctrl+Z 或键入 end，返回到特权模式 | 端口参数配置 |
| VLAN 配置模式 | 在全局配置模式下键入 vlan vlan-id 命令（vlan 1） | switch(config-vlan)# | 键入 exit 返回到全局配置模式，按 Ctrl+Z 或键入 end，返回到特权模式 | 设置 VLAN 参数 |
| 线路配置模式 | 在全局配置模式下键入 line vty 或 line console 命令 | switch(config-line)# | 键入 exit 返回到全局配置模式，按 Ctrl+Z 或键入 end 返回到特权模式 | 为 console 接口或 Telnet 访问设置参数 |

5）CLI 命令使用技巧

（1）CLI 的简略命令、"no" 命令和缺省形式命令在配置过程中，为了提升输入效率，不必键入完整的命令，只要键入的字符足以与其他命令相区别就可以。例如，当欲键入"enable"命令时，只需键入"en"即可，当欲键入"configure terminal"命令时，只需键入 "conft" 即可。

no 形式的命令用来撤销某个命令所做的设定或恢复默认值，例如，在使用"shut down"命令关闭了某个接口后，使用"no shut down"命令，就可以重新打开该接口，几乎每个配置命令都有相对应的 no 形式的命令。

default 形式命令用来恢复默认值，与 no 命令不同的是，对于有多个变量的命令，default 命令可将这些变量都恢复到默认值。

另外，若要重新显示或使用之前曾经键入的命令，可直接使用"↑"光标键向前翻，即可逐一显示已经执行过的命令，直接回车即可再次执行。

(2)常用 show 命令。

下图 5-40 显示了在特权模式下，常用的几个 show 命令的主要功能。

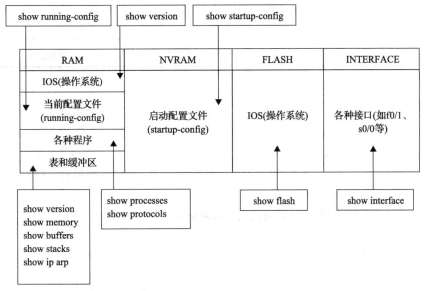

图 5-40　特权模式下常用 show 命令

(3)CLI 的帮助功能和常见报错。

在任何命令模式下，都可以键入"?"命令以寻求帮助，该命令主要有以下几个用途：

直接键入"?"：显示该命令模式下所有可用的命令及其用途。例如，我们想看一下在特权模式下有哪些命令，那么可以在"#"提示符下直接键入"?"并回车。

在命令和参数后面键入空格后，再键入"?"：询问以该单词或词组开头的命令有哪些。例如，如果想查看以"Show"这个单词开头的命令有哪些，那么只需键入"Show?"并回车。

在字符或字符串后不键入空格，直接键入"?"：局部关键字查找功能，如果只记得某个命令的前几个字符，那么可以使用"?"让系统列出所有以该字符或字符串开头的命令。例如，如果想查看哪些命令第一个单词是以"con"这个字符串开头的，在特权模式下键入"con?"并回车。

当显示的内容超过一屏时，显示会自动暂停，按回车键显示下一行，按空格键显示下一屏，按其他键则退出。当使用命令行配置交换机时，经常会出现一些错误提示，表 5-5 列出了常见的一些错误含义及其解决方法。

表 5-5　命令行出错信息及处理办法

| 出错信息 | 含义 | 解决办法 |
| --- | --- | --- |
| % Incomplete command | 缺少关键字或参数 | 加空格后键入 "?" 以显示完整的命令或关键字 |
| % Ambiguous command:"cont" | 键入的命令过于简略，导致交换机无法与其他类似指令相区分，不能识别和执行 | 多键入几个字符，使用较完整的命令 |
| % Invalid input detected at '^'marker. | 键入命令不正确，符号^处指出了错误所在 | 检查单词是否录入错误，或者当前模式是否正确 |

2. 交换机的初始配置

刚购买的交换机因为没有配置 IP 地址等信息，所以无法进行远程配置，一般必须连接交换机 Console 口和设置超级终端进行初始配置。可配置的网络设备一般都提供专用 Console 线，并在设备上配有 Console 端口，有的位于前面板，有的位于后面板。Console 端口外观像普通 RJ45 接口，但端口周围都有 "CONSOLE" 或 "CON" 的标识。

1) 连接计算机的串口到交换机的 Console 口

首先确保计算机运行正常且装有 "超级终端"（hyper terminal）组件，然后利用 Console 线将计算机的串口与交换机的 Console 口连接，如图 5-41 所示。

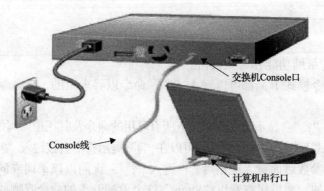

图 5-41　计算机与交换机通过 Console 口连接

2) 使用 "超级终端"，连接交换机

在计算机上运行相应的通信程序或管理软件。最常用的是 "超级终端"，是 Windows 内置的通信工具（Windows7 中没有超级终端，可以通过下载或者在其他

PC 上复制使用)，被广泛应用于各种网络设备的配置和管理。

使用超级终端连接交换机的方法如下：

(1)依次单击"开始"→"所有程序"→"附件"→"通讯"→"超级终端"，显示"连接描述"对话框，如图 5-42 所示，在"名称"框中键入该连接的名字，可任意输入，例如"Cisco"，单击"确定"按钮。

图 5-42  超级终端"连接描述"对话框

(2)显示如图 5-43 所示"连接到"对话框。在"连接时使用"下拉列表中选择所使用的串行口，通常为"COM1"，单击"确定"按钮。

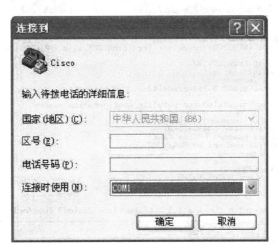

图 5-43  超级终端"连接到"对话框

(3)显示如图 5-44 所示串口"属性"对话框。根据网络设备厂商技术手册中提出的 Console 口参数要求，设置个通信参数。一般情况下，直接点击"还原为默认值"按钮即可，单击"确定"按钮。

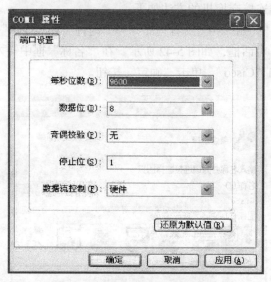

图 5-44  超级终端通信参数设置

(4) 显示"超级终端"窗口。打开网络设备电源后，连续按下计算机的回车键，即可显示该网络设备系统初始化界面。如图 5-45 所示为 Cisco2950 交换机超级终端初始页面。

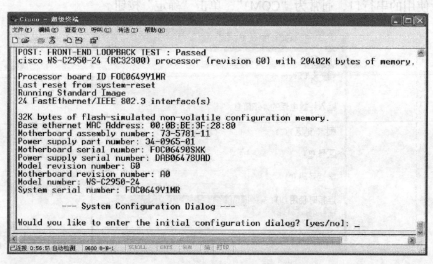

图 5-45  Cisco2950 交换机启动初始页面

计算机与交换机连接成功之后，就可以用 CLI 命令对交换机进行配置和管理了，此时至少应该将交换机的 IP 地址、特权模式密码、TELNET 密码等信息进行配置，以备日后进行远程配置。如果在计算机屏幕上未能显示交换机的启动过程，则可能是通信端口选择错误或参数配置错误，需重新配置超级终端，当然，也有可能是 Console 线或连接有问题，应当逐一进行检查。

(5)退出"超级终端"时，计算机会提示"要保存名为 Cisco 的连接吗？"，此时，选择"是"按钮，Windows 系统将把该连接的参数配置保存在"所有程序"→"附件"→"通讯"→"超级终端"程序组下，下次使用时，直接选择"超级终端"程序组下的 Cisco.ht 即可。

3. 交换机必要基本配置

交换机的对话式配置只能进行最基本的简单配置，但是无法进行更全面的配置，若需要对交换机进行更复杂的配置，则需要进入 CLI 模式。在出现图 5-45 所示的提示，键入"no"，回车后出现提示符 Switch>，表示进入了 CLI 的用户模式。此时，可以开始对交换机进行基本配置了。

交换机的基本配置的主要项目有：交换机命名和 IP 地址信息；修改交换机的管理密码。具体的配置如下：

1)命令学习 1：选择模式

Switch>enable

注释：进入特权模式。

Switch# configure terminal

注释：进入全局配置模式。

Enter configuration commands, one per line.End with CNTL/Z.

注释：系统提示信息。很多指令执行完毕后，系统都会显示一行或多行执行提示信息，后面不再解释。

2)命令学习 2：给交换机命名

Switch(config)#hostname B1FloorSwitch1

注释：将交换机的名字改为 B1 Floor Switch1。交换机默认的名称为 Switch，为了维护和管理的方便，可为每台设备取不同的名称。

3)命令学习 3：设置进入特权模式密码

Switch(config)#enable secret b1floor1

注释：密码设为 floor1 并且被加密，默认值为空。此处也可以使用指令 enable password b1 floor1，但是该指令不会对密码加密。

4)命令学习 4：设置 Telnet 访问密码

Switch(config)#line vty0

注释：vty0 表示 Telnet 第一个虚拟终端 0，此时只允许最多一名管理员远程登录交换机。若需要设置五名管理员同时登陆，则需要设置 0 到 4 五个虚拟终端，命令为 linevty04 最多可设置 0 到 15 共 16 个虚拟终端。

Switch（con fig-line）#password b1floor1admin

Switch（con fig-line）#login

Switch（con fig-line）#exit

5）命令学习 5：配置管理地址

如果交换机允许通过 Telnet 进行远程访问，就需要在交换机上配置一个 IP 地址。交换机的管理 VLAN 默认为 VLAN1，因此，管理地址要 VLAN1 上配置。

Switch（con fig）#interface vlan 1

Switch（con fig-if）#ip address 192.168.0.5 255.255.255.0

注释：进入 VLAN1 接口中，指定 IP 地址和子网掩码。

Switch（con fig-if）#no shutdown

注释：打开该端口，使之可以被访问。

Switch（con fig）#exit

6）命令学习 6：查看校验所做的配置

Switch #show running-con fig

7）命令学习 7：保存配置。

Switch #copy running-con fig startup-con fig Destination filename [startup-con fig]? Building configuration...[OK]

注释：配置结果默认保存在内存 RAM 的 running-config 文件中，通过 copy 指令，将配置结构复制到非易失性存储器 NVRAM 中，否则，在交换机断电或者重新启动时，修改的配置将被丢失。

4. 远程登录交换机进行管理

通常通过 Telnet 协议远程登录交换机进行管理，应确保用于管理网络设备的计算机运行良好，安装有 TCP/IP 协议并配置好了 IP 地址信息，被管理的网络设备上也已经配置好 IP 地址信息，两个设备间能够互相访问。

（1）依次单击"开始→运行"，键入 Telnet 命令：telnet192.168.0.5，192.168.0.5。即为表示前面配置的被管理交换机的 IP 地址。

（2）单击回车键，建立与远程网络设备的连接。根据交换机的设置，输入远程 TELNET 的密码，即 vty 的密码，根据前面的设置，为 b1floor1admin。

（3）登录成功后，与前面使用超级终端连接交换机 Console 端口类似，进入了 CLI 界面，根据实际需要对该交换机进行相应的配置和管理即可。

## 5.4.2　以太网交换机故障处理

1. 网络故障分类

计算机网络是由大量的计算机、服务器等终端，由众多的交换机、路由器等网络设备互相连接在一起，采用各种网络协议和传输介质实现相互之间通信和资源共享的一个整体，这个整体中任何一个环节出现问题都会导致网络故障。随着网络规模的扩大和网络环境的复杂化，网络故障越来越多，故障的排查难度也越来越大。

可以从不同的角度对网络故障进行分类：从故障的现象方面，可以将网络故障分为连通性故障、性能下降和服务中断三大类；从产生故障的原因方面，可以将网络故障分为硬件故障、软件故障以及由网络攻击造成的故障三大类。

(1)硬件故障。硬件故障有时也叫物理类故障，一般是指网络设备硬件、设备之间的连接或通信传输线路上出现的问题。发生硬件故障时的主要表现是网络不通。在计算机连接到网络上的任何一个环节，如网卡、插座、网线、跳线、交换机等发生故障，都会导致网络连接的中断。

(2)软件故障。软件故障有时也叫逻辑类故障，常见的是网络设备配置错误而导致的网络故障。计算机网络协议众多，配置复杂。网络中所有的交换机、路由器等网络设备都需要进行参数配置，所有的服务器、计算机等网络终端设备也需要进行选项配置，参数配置和选项设置不当就会导致网络故障。网络协议未安装或配置不正确也会造成网络故障。主机网卡的驱动程序安装不当、网卡设备有冲突、主机的网络地址参数设置不当、主机网络协议或服务安装不当也会造成联网故障。

(3)计算机病毒和网络攻击造成的网络故障。计算机病毒和网络攻击已经成为造成网络故障的重要因素。计算机网络中的客户机、服务器和网络设备都是黑客、木马和蠕虫病毒攻击的目标。当遭到网络攻击或病毒爆发后，除了敏感信息丢失和系统被破坏以外，大部分还会表现为网络故障，如网速变慢、网络阻塞、服务中断等。

2. 网络故障处理的基本步骤

1)网络故障处理的一般步骤

由于网络故障的复杂性，处理网络故障要建立系统化的思路和方法，先将可能的故障原因构成一个大的集合，然后一步一步地排查，最后找到故障发生的位置和原因，从而大大降低问题的复杂程度，加快故障处理的速度。

2)全面了解故障现象

网络管理员在接到故障报告时，要尽可能详细地了解故障的现象，做到对故障现象能有一个完整准确的描述。在排除故障之前，确切地知道到底出了什么问题是成功排除故障的重要环节。

3)收集与故障相关的信息

网络管理员向故障报告者询问以下问题：

(1)故障发生时正在进行什么操作；

(2)这项操作以前是否曾经进行过，以前运行是否正常；

(3)这项操作最后一次成功运行是什么时候，从那时起系统的软硬件和网络连接等各方面有无变动。

必要时还需询问其他用户，了解故障影响的范围。管理员可以使用诊断测试命令、网络测试软件或网络管理系统来收集相关信息，了解相关设备的运行状况。

4)根据相关理论和经验进行分析判断

根据自己已有的网络故障处理经验和所掌握的网络理论知识，对该故障进行分析判断，排除一些明显的非故障点。

5)列出所有可能的故障原因

根据上述各步骤掌握的信息，先书面列出所有可能造成该故障的原因，然后根据由简到繁、先软件后硬件的原则，对列出的原因按照可能性的大小进行排序，对每一原因制订相应的排除方案。

6)逐一排除可能的原因

按照上述原因列表顺序和方案，对可能的原因逐一进行排除。在排除过程中，如果需要对硬件或参数设置进行改动，每次只可改动一个，改动后进行测试，看故障是否消除，这样有利于查找到真正的原因。如果这对某一原因的排查无效，要将对硬件或参数设置的改动务必恢复到排查前的状态，再进行下一个原因的排查。

如果原因列表中所有的项目都排查过后仍没有解决问题，这时要返回到第 2 步，重新收集故障相关的信息，按照上述过程继续排查，直到故障消除。

7)整理故障处理记录

故障排除网络修复之后，故障处理过程的最后一步是整理故障处理记录。完整准确的记录不仅是后续故障处理时的重要参考资料，而且也有助于积累经验，为今后此类故障的解决提供指导。故障排除后做好故障处理文档记录，这一点是大多数人最容易忽略的，因此，在工作中要特别注意，要养成一种良好习惯，最好是在开始着手进行故障排除时就开始做记录。

3. 网络故障排除的常用方法

在网络故障处理的过程中，可根据故障现象，灵活运用各种诊断方法进行分析定位。故障诊断常用的方法主要有分层排除法、分段排除法、替换法和对比法等。

1)分层排除法

OSI 网络 7 层参考模型和 TCP/IP 网络的 4 层模型是 IP 网络技术开发和网络构件的基础，所有的技术和设备都是建立在分层概念之上的。因此，层次化的网络故障分析思路和方法是非常重要的。对某一层而言，只有位于其下面的所有层次都能工作正常时，该层才能正常工作。在确认所有低层都能正常工作之前就着手解决高层问题，大多数情况下是在浪费时间。

在应用分层法排除故障时，把OSI模型和现实的网络环境相对应起来，一层一层地分析判断故障，重点考虑物理层、链路层和网络层，在各层上应注意以下的关注点：

(1)物理层。物理层负责设备之间的物理连接，将二进制数字信号流通过传输介质从一个设备传送到另一个设备，完成信号的发送与接收以及与数据链路层的交互操作等功能。物理层需要关注的是网线、光缆、连接头、信号电平等方面，这些都是导致端口异常关闭的因素。

(2)链路层。链路层处在网络层与物理层之间，负责将网络层发送来的IP数据包分装成以太数据帧，然后发给物理层进行传输。在数据链路层要重点关注MAC地址、VLAN划分、广播风暴，以及所有二层的网络协议是否正常。

(3)网络层。网络层负责不同网络(网段)之间的路由选择。在网络层要重点关注IP地址、子网掩码、DNS网关的设置；路由协议的选择和配置，路由循环等问题。

例如，内网中的一台计算机不能访问Internet上的Web网站，这时可以先Ping外网DNS服务器，如果能Ping通，则判断在网络层上是正常的，故障可能发生在ffi应用层；此时如果聊天软件上网正常，则确定问题在IE上，仔细查看IE设置。结果发现设置了代理服务器，导致不能正常上网。

2)分段排除法

分段排除法就是在同一网络分层上，把故障分成几个段落，再逐一排除。分段的中心思想就是缩小网络故障涉及的设备和线路，来更快地判定故障。

3)替换法

替换法是处理硬件问题时最常用的方法。当怀疑网线有问题时，可以更换一条好的网线试一试；当怀疑交换机的端口有问题时，可以用另外一个端口试一试；当怀疑网络设备的某一模块有问题时，可以用另外一个模块试一试。但需要注意的是，替换的部件必须是同品牌、同型号以及具有相同的板载固件(firmware)。

4)对比法

对比法是利用相同型号的且能够正常运行的设备作为参考对象，在配制参数、运行状态、显示信息等方面进行对比，从而找出故障点。这种方法简单有效，尤其是系统配置上的故障，只要对比一下就能找出配置的不同点。

4. 以太网交换机故障处理

1)故障的性质及其危害

以太网交换机发生的故障主要来源于设备自身的软硬件或外部环境的影响以及人为操作不当等。一旦发生故障，会引起计算机网络全局或局部瘫痪，无法实现共享资源和数据，严重时会造成较大的经济损失和社会影响。

2）交换机故障分类及处理

交换机故障一般可以分为硬件故障和软件故障两大类。

（1）硬件故障主要指交换机电源、背板、模块、端口等部件的故障。

电源故障：由于外部供电不稳定，或者电源线路老化或者雷击等原因导致电源损坏或者风扇停止，从而不能正常工作。由于电源缘故也会导致交换机内其他部件损坏。如果面板上的 POWER 指示灯是绿色的，就表示是正常的；如果该指示灯灭了，则说明交换机没有正常供电。针对这类故障，首先应该做好外部电源的供应工作，一般通过引入独立的电力线来提供独立的电源，并添加稳压器来避免瞬间高压或低压现象。如果条件允许，可以添加 UPS（不间断电源）来保证交换机的正常供电，在机房内设置专业的避雷措施，来避免雷电对交换机的伤害。

端口故障：这是最常见的硬件故障，无论是光纤端口还是双绞线的 RJ-45 端口，在插拔接头时一定要小心。光纤端口污染会导致不能正常通信。带电插拔接头会增加端口的故障发生率。水晶头尺寸偏大，插入交换机时也容易破坏端口。此外，如果接在端口上的双绞线有一段暴露在室外，万一这根电缆被雷电击中，就会导致所连交换机端口被击坏，或者造成更加不可预料的损伤。一般情况下，端口故障是某一个或者几个端口损坏。所以，在排除了端口所连计算机的故障后，可以通过更换所连端口，来判断其是否损坏。遇到此类故障，可以在电源关闭后，用酒精棉球清洗端口。如果端口确实被损坏，那就只能更换端口了。

模块故障：交换机是由很多模块组成，如堆叠模块、管理模块（也叫控制模块）、扩展模块等。这些模块发生故障的概率很小，不过一旦出现问题，就会遭受巨大的经济损失。如果插拔模块时不小心，或者搬运交换机时受到碰撞，或者电源不稳定等情况，都可能导致此类故障的发生。管理模块上有一个 Console 口，用于和网管计算机建立连接，方便管理。如果扩展模块是光纤连接的话，会有一对光纤接口。在排除此类故障时，首先确保交换机及模块的电源正常供应，然后检查各个模块是否插在正确的位置上，最后检查连接模块的线缆是否正常。在连接管理模块时，还要考虑它是否采用规定的连接速率，是否有奇偶校验，是否有数据流控制等因素。连接扩展模块时，需要检查是否匹配通信模式，比如使用全双工模式还是半双工模式。当然，如果确认模块有故障，就应当立即更换。

背板故障：交换机的各个模块都是接插在背板上的。如果环境潮湿，电路板受潮短路，或者元器件因高温、雷击等因素而受损都会造成电路板不能正常工作，比如散热性能不好或环境温度太高导致交换机内温度升高，使元器件烧坏。在外部电源正常供电的情况下，如果交换机的各个内部模块都不能正常工作，那就可能是背板坏了，遇到这种情况，唯一的办法就是更换背板。

（2）交换机的软件故障是指系统及其配置上的故障。

系统错误:交换机系统是硬件和软件的结合体。在交换机内部有一个可刷新的只读存储器,它保存的是这台交换机所必需的软件系统。由于设计的原因,软件系统也会存在一些漏洞,在某些条件下会导致交换机满载、丢包、错包等情况的发生。所以交换机系统提供了诸如 Web、TFTP 等方式来下载并更新系统。当然在升级系统时,也有可能发生错误。对于此类问题,需要经常浏览设备厂商网站,及时更新系统软件或者打补丁。

配置不当:管理员往往在配置交换机时会出现一些配置错误,如 VLAN 划分不正确导致网络不通,端口被错误地关闭,交换机和网卡的模式配置不匹配等。这类故障有时很难发现,需要一定的经验积累。如果不能确保用户的配置有问题,先恢复出厂默认配置,然后再一步一步地配置。最好在配置之前,先阅读说明书,这也是管理员所要养成的习惯之一。每台交换机都有详细的安装手册、用户手册,深入到每类模块都有详细的讲解。

密码丢失:此类情况一般在人为遗忘或者交换机发生故障后导致数据丢失,才会发生。一旦忘记密码,都可以通过一定的操作步骤来恢复或者重置系统密码。有的比较简单,在交换机上按下一个按钮就可以了。而有的则需要通过一定的操作步骤才能解决。

外部因素:由于病毒或者黑客攻击等情况的存在,有可能某台主机向所连接的端口发送大量不符合封装规则的数据包,造成交换机处理器过分繁忙,致使数据包来不及转发,进而导致缓冲区溢出产生丢包现象。还有一种情况就是广播风暴,它不仅会占用大量的网络带宽,而且还将占用大量的 CPU 处理时间。网络如果长时间被大量广播数据包所占用,通信就无法正常进行,网络速度就会变慢或者瘫痪。

## 5.5 传输设备配置与调试

本节介绍的是在电力通信实操过程中传输设备配置与调试基础操作。

### 5.5.1 SDH 设备业务配置

1. SDH 以太网业务的配置

1)基本概念

以太网业务是 SDH 设备传送的重要业务,在掌握 SDH 网络中配置以太网业务的方法之前,需要简单了解一些 SDH 网络上以太网业务的基本概念与知识。

2)SDH 网络上的以太网业务类型

根据 IUT-T 规范,SDH 网络中有 4 种以太网业务类型,EPL 业务、EVPL 业务、EPLAN 业务、EVPLAN 业务,目前使用较多的是 EPL 业务和 EPLAN 业务。

（1）EPL（以太网专线）：EPL 有两个业务接入点，实现对用户以太网 MAC 帧进行点到点的透明传送。不同用户不需要共享 SDH 带宽，因此具有严格的带宽保障和用户隔离，不需要采用其他的 QoS 机制和安全机制。由于是点到点传送，因此不需要 MAC 地址学习。

（2）EVPL（以太网虚拟专线）：EVPL 与 EPL 的主要区别是不同的用户需要共享 SDH 带宽，因此需要使用 VLAN ID 或其他机制来区分不同用户的数据。如果还需要对不同用户提供不同质量的服务，则需要采用相应的 QoS 机制。如果配置足够多的带宽资源，则 EVPL 可以提供类似 EPL 的业务质量。

（3）EPLAN（以太网专用局域网）：EPLAN 至少具有两个业务接入点。不同用户不需要共享 SDH 带宽，因此具有严格的带宽保障和用户隔离，不需要采用其他的 QoS 机制和安全机制。由于具有多个节点，因此需要基于 MAC 地址进行数据转发并进行 MAC 地址学习。

（4）EVPLAN（以太网虚拟专用局域网）：EVPLAN 与 EPLAN 的主要区别是不同的用户需要共享 SDH 带宽。因此需要使用 VLAN ID 或其他机制来区分不同用户的数据。如果需要对不同用户提供不同质量的服务，则需要采用相应的 QoS 机制。

3）以太网板的工作原理

以基于 SDH 的 MSTP 基本功能模型为例，如图 5-46 所示。

从图 5-46 中可以看出，以太网板实现的是以太网接口到 VC 映射的诸多功能，当完成 VC 映射后，SDH 设备对于以太网业务的处理将与对 PDH 业务（如 E1、E3 等）处理方法相同。

为了能够实现 EPL、EPLAN、EVPL、EVPLAL 4 种业务，以太网板一般具有外部端口和内部端口。外部端口就是以太网板上的实际以太网端口，内部端口是虚拟端口，用于和 SDH 内部的 VC 相连接从而实现以太网数据在 SDH 网络上的传送。通过灵活设置外部端口和内部端口的连接关系、内部端口和 VC 之间的连接关系，同时结合标签、QoS 等技术，即可以方便地实现上述业务。以具有 4 个外部端口、8 个内部端口的以太网板为例，EPL、EPLAN、EVPL 业务连接示意如图 5-47 所示，EVPLAN 业务可以认为是 EPLAN 和 EVPL 的结合，不进行展开描述。

需要注意的是，图 5-47 仅供理解以太网配置原理时使用。

4）SDH 网络中以太网板的时隙

SDH 的以太网板是通过内部端口连接 VC 的，为了实现以太网带宽的控制，以太网板具有时隙概念，以太网板的每个时隙和一条 VC 时隙相连，以太网板的每个内部端口可以连接多个以太网板时隙，从而实现了对 VC 时隙的捆绑，满足各种以太网业务的带宽需要。

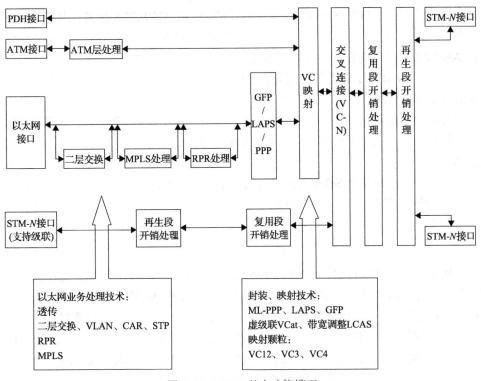

图 5-46  MSTP 基本功能模型

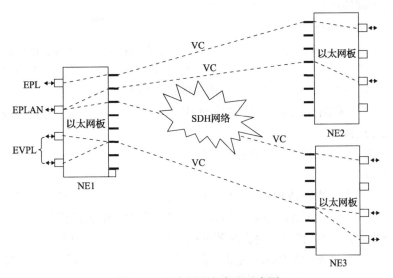

图 5-47  以太网业务实现示意图

5)SDH 网络中以太网板的 VLAN/MPLS 标签

SDH 网络中,一般存在三种 VLAN/MPLS 标签:用户设备发过来的以太网信息中含有的 VLAN/MPLS 标签，外部端口设置的 VLAN/MPLS 标签，内部端口设置的 VLAN/MPLS 标签。其中，用户设备发过来的以太网信息中含有的 VLAN/MPLS 标签的作用是在用户设备之间进行数据的标识隔离，内、外部端口设置的 VLAN/MPLS 标签的作用是在 SDH 网络中进行传输数据的标识隔离。比如 EVPL 业务，每个外部端口接收用户数据后，要打上 VLAN/MPLS 标签再和一个内部端口连接后，共享一条内部通道传送业务，在出口侧的外部端口再剥离标签将信号送出。这里的外部端口所打上的标签就保证了这些用户业务数据之间的隔离。

理解了以上的几个 SDH 上的以太网技术实现细节，还需要结合以太网的其他知识，才能更好的理解和配置 SDH 网络的以太网业务。下面以华为设备为例进行以太网业务配置的描述。

2. SDH 以太网配置的基本步骤

从上面描述可以看出，SDH 以太网业务配置可分为 SDH 侧业务配置和以太网侧业务配置两个部分。SDH 侧业务主要实现以太网板时隙和 VC 时隙的连接、VC 的通道建立，可以提供点到点的传输通道，其配置方法与 E1 业务配置方法类似。以太网侧的业务配置是完成内部端口对以太网时隙的捆绑连接、内部端口（VCTRUNK 口）属性设置、外部端口（PORT 口）属性设置、内外端口间的连接和相关协议的配置。不同类型以太网业务的 SDH 侧业务配置方法基本一致，区别主要在于以太网侧业务配置操作方法不同。

1）SDH 侧业务配置

配置 SDH 侧业务的过程，可以看作是线路到支路的上下业务，也可看作是线路时隙和以太网板内部时隙的穿通业务，与 2M 业务配置一样，也有路径配置法和 SDH 层配置法。配置 SDH 侧业务的一般过程如下：

（1）确定源/宿网元以太网板时隙须使用的 VC 数量和级别，分配相应的以太网板时隙并连接。

（2）配置 VC 的 SDH 传递业务，可以使用路径配置法或 SDH 层配置法方法。

2）以太网侧业务配置

以太网侧业务处理是 SDH 实现不同种类以太网业务传送的关键过程，根据不同的业务类型，需要配置的参数和协议也不同。常用的配置过程如下：

（1）配置内部端口和以太网板时隙的捆绑和连接。内部端口捆绑的以太网板时隙是根据以太网业务带宽要求设定的，捆绑对应的 VC 数量越多或 VC 颗粒越大，相应的以太网业务的实际可用带宽越大。

（2）配置内部、外部端口之间的连接关系。

（3）配置源网元、宿网元以太网板内部、外部端口的各项属性参数。

### 5.5.2　SDH故障处理

1. SDH板卡故障处理

SDH故障往往会导致部分或全部业务中断、业务质量下降、网络安全级别降低等后果，严重时会造成较大的经济损失和社会影响。

SDH故障一般可以分为硬件故障、软件故障和外围设备故障3大类。硬件故障主要指SDH设备的板卡、子架发生了硬件损坏。软件故障主要是指板卡的系统软件损坏或设置的数据不当。外围设备故障主要是指和SDH设备对接的设备发生了故障，如线路板连接的光缆中断、给SDH供电的电源故障、支路板连接的线缆断裂等。严格地说，外围设备故障不属于SDH故障，但在实际应用中，这类外围设备的故障往往可能导致SDH业务中断，而且此类故障的排除也往往需要SDH系统进行配合，所以在这里将外围设备故障也纳入SDH故障范畴。

SDH故障排除的关键是准确地定位故障点，一般可以参照以下原则进行逐步操作：

(1)先恢复，后排除。出现业务故障后，先用其他资源(如设备上的其他通道、其他设备的通道)进行业务恢复，再进行故障的。

(2)先易后难。遇到较为复杂的故障时，先从简单的操作或配置着手排除，再转向复杂部分的分析排除。

(3)先外部，后传输。先排除外围设备故障，再排除传输设备故障。

(4)先软件，后硬件。先排除设置错误、系统软件损坏的故障，如果排除了软件故障，基本就可以认定为是硬件故障。

(5)先网络，后网元。先全网查询有哪些故障现象，通过全网的故障现象综合判断，逐步缩小故障范围到单个网元，再排除相关网元的故障。

(6)先高速，后低速。高速信号故障会引起所承载的低速信号的故障，因此，在故障排除时应先排除高速信号的故障，高速信号故障排除后低速信号故障现象往往就会自动消失。

(7)先高级，后低级。高级别告警常常会关联引发低级别告警，所以在分析告警时先分析高级别的告警，然后再分析低级别的告警。往往主引起高级别告警的故障排除后，低级别告警自动消除。

SDH故障排除是一项复杂的工作，应综合考虑各方面因素，灵活运用上述原则进行快速处理。平时也应注意多积累此方面的案例并加以分析总结，提高故障处理的能力。

2. 板卡故障的处理

1)板卡故障概述

板卡故障是一种常见的SDH故障。SDH设备由不同的板卡相互配合而工作，任意一种板卡故障都有可能引起 SDH 系统的故障。不同板件的故障可能导致故障范围的不同，比如关键单板(电源板、交叉板、时钟板等)故障将影响本网元的所有业务，线路板件或支路板件出现故障将影响本板所承载的所有业务。

为了防止板卡故障而导致的业务中断或业务质量下降，SDH 设备做了完善的设计，比如采取关键单板的热备份、环网保护、支路板件保护等措施，可极大地提高 SDH 设备的安全性。虽然 SDH 一些设计能降低因板卡故障引起的 SDH 网络故障，但板卡故障后 SDH 设备的安全级别会降低，如出现备用板卡故障将不可避免地导致业务中断或业务质量下降。

2)板卡故障定位思路及方法

不同板卡的故障会导致不同的故障现象，而板卡的不同故障也会产生不同的故障现象。定位板卡故障可以针对故障现象结合告警信息进行分析，查出故障原因进而予以排除。定位板卡故障，需要维护人员熟悉板卡的功能特性以及在网络中的作用，才能做出正确的分析判断。

3)常见板卡故障类型及处理方法

板卡的故障类型一般分为硬件故障、软件故障和外围设备故障三类，根据不同板件，这三类故障类型引发的故障现象也不同。

(1)主控板故障现象及处理方法。

故障现象一：业务未中断，但网元无法远程登录，无法在网管远程对网元进行操作。

处理方法：用网管直接连接故障网元主控板进行登录。若能登录，查看主控板软件是否完好，若有部分软件丢失可重新下载相应软件。如软件文件完好但仍不能远程登录，将主控板掉电重启。如仍无法解决，判断为硬件故障，更换主控板。如在本站不能登录网元，直接判断为硬件故障，更换主控板

故障现象二：网管连接不到任何网元。

处理方法：检查网管配置，查看网管计算机的 IP 地址和其他参数设置是否和网关网元相匹配。如无问题，则把网管与其他网元或计算机相连，如能通信，则表明网管系统正常。如网管配置检查无问题面故障依旧，软复位网关网元主控板。软复位主控板后如故障依旧，则将主控板拔出后再插回设备机框。重启后如故障仍然存在，则可以判断是主控板硬件故障，更换主控板。

(2)交叉板故障处理。

故障现象一：单板不在位。

处理方法：首先排除硬件安装故障。检查交叉板是否插紧，是否与子架母板接触良好。若硬件安装正常但故障现象依然存在，可将板件更换到备用槽位，更换槽位后如交叉板仍不在位，可判断为交叉板硬件故障，更换交叉板。

若更换槽位后单板正常，可判断为子架母板问题(如母板倒针、断针等)，转

入处理子架母板问题。

故障现象二：单板在位，但经过此交叉板的业务中断。

处理方法：首先排除业务配置错误。重新配置业务后，如故障消失，说明交叉板正常。如业务配置正确而故障仍然存在，重新加载单板软件。如重新加载单板软件后故障仍存在，可判断为硬件故障，更换交叉板。

(3)电源板故障处理。

故障现象：设备掉电，业务中断。

处理方法：首先排除或处理外部故障(电源系统故障、电源系统和电源板的连接故障)。可测量电源柜输出端子到 SDH 设备所在机柜电源分配盘电压是否正常，如不正常就进行处理。如排除外部故障后故障仍然存在，用完好的电源板替换疑似故障板件，设备若能启动则判断为硬件故障，更换电源板。如替换完好的电源板后故障仍存在，判断为母板或其他板件故障，转入处理母板和其他板件故障处理。

将所有单板拔出查看母板是否有倒针，若有倒针需进行处理或更换母板。若无倒针需将单板逐一插回机框，定位是否有某一块单板出现短路。若全部板件均完好而故障依旧，则更换设备子架。

(4)时钟板故障处理。

故障现象：单板跟踪不到时钟。

处理方法：排除时钟配置错误。重新配置时钟，如故障排除，说明时钟配置正确。如时钟配置正确而故障仍然存在，复位时钟板。复位时钟板后如故障仍在，拔插时钟板。拔插时钟板后故障依旧，可以判断为单板硬件故障，更换时钟板。

(5)线路板故障处理。

故障现象：出现 R-LOS 告警，业务中断。

处理方法：排除光缆及对端设备原使用光功率计测试对端发送过来的光，如光功率正常，说明对端设备与光缆都正常。如测试不到光，则排查是否是光缆中断或者是对端设备发送故障，然后进行相关的处理。如果光缆与对端设备正常，则对疑似故障光板进行复位。光板复位后如果故障现象消失，说明故障是由光板软件卡死引起的。光板复位后告警还存在，则更换槽位，如果告警消失说明槽位存在故障。如果更换槽位后故障仍存在，则说明光板故障，更换单板。

(6)支路板故障处理。

故障现象一：支路端口出现 T-ALOS 告警，2M 业务中断。

处理方法：首先排除外部硬件故障。可在 DDF 侧将相应支路端口进行硬件自环，若 LOS 告警不消失，查看 2M 端子是否插牢或有虚焊。若插接和焊接没问题，拔插支路板。支路板复位后，若故障仍存在，复位交叉板。复位交叉板后故障仍存在，更换支路板槽位并重新配置业务。更换支路槽位后故障仍存在，说明支路板故障，更换支路板。

故障现象二：支路端口出现 TU-AIS 告警，2M 业务中断。

处理方法：检查有无高级别告警，如有，先排除。检查业务路径是否完整，若业务路径不完整，对缺失业务进行添加。若业务路径完好，则查看网络是否发生了保护倒换动作。若发生了保护倒换，查看 2M 业务保护路径是否完好，若保护路径不完整，则对缺失部分进行添加。若保护路径完整，检查本站交叉板是否有故障。若交叉板无故障，更换支路板槽位或替换支路板，直到排除故障。

4）常见板卡故障案例

案例 1：NE1、NE2 和 NE3 三个站点以 STM-1 速率相连组成环状拓扑结构，

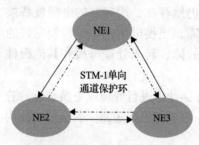

图 5-48　STM-1 单向通道保护环

配置为两纤单向通道保护环，主环方向为逆时针。三个站点之间均有业务。NE1 为网关网元，某天 NE2 站点在网管无法登录，且 NE2 和 NE3 有业务倒换指示，三个站点再无其他任何告警。STM-1 单向通道保护环如图 5-48 所示。

故障分析：

（1）业务发生倒换指示但没有 LOS 告警，说明可能是板件故障。

（2）NE2 无法登录，可能是 NE2 到 NE1 方向光板的 ECC 通道禁止，须到 NE2 现场处理。

故障处理：

（1）到 NE2 现场登录到 NE2，查询告警信息，查询得知 NE1 方向光板的 ECC 状态正常。

（2）查询主控软件状态，发现主控软件状态异常。

（3）重新加载主控软件，重启后故障恢复。

故障总结：单板软件异常会引起异常告警现象，处理此类故障时应先处理其他告警现象。如本例中的 NE2 无法远程登录，处理时先解决登录故障就可能会找到其他故障原因。

3. 网元失联故障处理

1）网元失联故障概述

网管要对网络设备进行管理，必须要和被管理的网元进行通信。根据 ITU-T 的相关规范，非网关网元通过光路连接网关网元，网管系统通过连接网关网元实现对整个 SDH 网络的统一管理。其中，网管和网关网元通过 TCP/IP 协议通信，非网关网元和网关网元通过 ECC 通道通信。ECC 即嵌入式控制通路，是一种网元间通信的协议，是通过 DCC 字节来传递的。

网元失联是指此网元已经和网管失去了联系。网元失联时，该网元的网络数据将得不到上报和转发，网管将无法对该网元进行管理。若是网关网元出现失联故障，则网管将失去对整个网络的管理。虽然网络脱管后业务不受影响，但此时维护人员无法得知网络的运行状态，出现紧急事件时也无法进行及时处理，带来的故障隐患不容小觑。

2）网元失联故障定位思路及方法

处理网元失联故障，可以从通信链路、主控板、网管系统三个方面着手，逐段排查故障。

3）网关网元失联故障处理方法

（1）排除网管计算机与网关网元的硬件连接故障。网管计算机与网关网元之间通过以太网连接。如果硬件连接成功的话，网管计算机的网卡状态应为"已连接"。如果不是，应排除网线、网卡的故障。如仍未解决，判断为网关网元主控板网口故障，更换主控板。

（2）排除网管计算机与网元的软件连接故障。查看网元的 IP 地址和网管 IP 地址是否在同一网段内，若不在，需设置成同一网段。

（3）排除主控板故障。参考模块"板卡故障处理"中的"主控板故障处理"部分。

（4）排除网管系统故障。依次重装网管软件、重装操作系统、更换网管硬件，直至故障排除。

4）非网关网元失联故障

（1）排除非网关网元与网关网元光路连接故障。查看光路是否异常，相应光口是否有 LOS、RDI 告警。若有，则可能为光板或光缆问题，转入排除光板或光缆故障。

（2）排除非网关网元与网关网元 ECC 通道故障。查询相应 ECC 端口是否为禁止状态，若是禁止，需进行使能操作。

（3）排除主控板故障。参考模块"棱卡故障处理"中的"主控板故障处理"部分。

5）常见网元失联故障案例

案例 1：某日网络上所有的网元忽然脱管，所有网元均不能登录。

故障分析：网络中所有网元全部脱管，很可能是网关网元和网管电脑之间的通信出现了故障。

故障处理：

（1）查看网管电脑和网关网元的 IP 设置，均为 129.9.X.X 网段。

（2）在网管电脑上用"Ping"命令对网关网元进行 Ping 测试，发现网络不通。

（3）查看连接网线，发现网线有断裂处，重新制作一条网线替换掉原有网线，故障排除。

故障总结：网管电脑与网关网元使用 TCP/IP 协议通信，可将网关网元主控板上 ETH 口看作计算机的网口。网管电脑和网关网元之间的连接设置需满足局域网的连接关系。

案例 2：某环网中一非网关网元忽然变为不可登录，查询网管后发现网络有倒换保护告警且下游站点相应光口有 LOS 告警，上游站点无告警。

故障分析：其余网元能够正常登录，说明网管、网关网元均无故障。下游站点有 LOS 告警，说明到下游站点的光路中断，通往下游的 ECC 通道也随之中断。上游站点无告警，说明上游光路未中断，但网管不能登录，说明通往上游的 ECC 通道也有问题，上下游的 ECC 链路全部中断造成了本点无法在网管登录。

故障处理：

(1) 使用 OTDR 仪表测试到下游的光缆，确认光缆中断并排除故障。

(2) 光缆正常后，到下游的 ECC 链路已经恢复，网元已能顺利登录。

(3) 查询连接上游站光口的 ECC 状态，发现为禁止，使能后故障排除。

故障总结：非网关网元与网管电脑之间的通信是靠网关网元转发的，而网关网元和非网关网元之间是靠 ECC 链路进行通信的，ECC 链路信息是靠 SDH 帧结构中的 DCC 字节进行传送的。所以，如果 SDH 设备不能正常接收 SDH 帧，就会发生 ECC 不通故障。ECC 链路也支持手工禁止和使能功能，正常情况下都需要设置为"使能"。

案例 3：某网络在调测中发现网关网元配置有错误，所以把网关网元进行删除，重建网关网元后，发现其他网元均登录不上。

故障分析：因为 SDH 传输网络与网管的通信是通过网关网元进行的，所以要与某一传输网络通信，首先要创建好网关网元，其他非网关网元一定要从属于某一网关网元才能和网管进行通信。当把网关网元删除后再新建，原来的从属关系就发生了改变（即非网关网元的所属网关已变成未配置）。

故障处理：在网管主菜单中选择"系统管理"菜单，在下拉菜单中选"DCN管理"命令，进入"DCN 管理"窗口。在"网元"标签下，把其他网元所属的网关进行相应的设置，故障解决。

故障总结：非网关网元和网管的通信是经过网关网元转发的，所以非网关网元必须要配置其所从属的网关网元才能被正常管理。

4. 2M 失联故障处理

1) 2M 失联故障概述

由于 2M 业务是 SDH 最重要的业务之一，应用数量相当多，所以 2M 失联故障发生的概率较高。SDH 设备的 2M 接口由同轴电缆引至 DDF 单元，为其他设备提供 2M 通道端口。若 2M 业务失联，则该端口下挂设备的业务将中断。一般

2M 承载的用户业务都是重要业务，如继电保护、远动信息、调度交换机互联、调度电话的 PCM 延伸等，如果承载这些用户业务的 2M 发生故障，很可能影响电网的安全运行，产生巨大的经济损失和社会影响。

2）2M 失联故障定位的基本思路及方法

当一条 2M 业务出现故障时，大致可以从 SDH 侧、用户侧和接地三个主要方面对故障进行分析定位，逐段排查故障。SDH 侧和用户侧一般以 DDF 为界。故障排除方法主要使用告警分析法、逐段环回法和替代法。

排除 SDH 侧业务故障：

（1）2M 业务在 SDH 侧开通正常时，在未接入用户设备的情况下该端口应有 LOS（信号丢失）告警，而无 AIS（业务配置错）告警。如有 AIS 告警，则需排除业务配置错误故障。

（2）检查该端口在 DDF 单元上与用户设备连接是否正确。

（3）若连接没有问题，但 2M 信号还是失联，则在 DDF 侧将传输侧信号自环，在网管上查看相应端口 LOS 告警是否消失，若消失，表明传输侧没问题，转入排除用户侧业务故障。

（4）LOS 告警若不消失，确定用户接口码型与传输侧接口是否一致，并排除中继线的线序接错、焊接问题、线缆断裂等线缆故障。

（5）上述问题排除后若 LOS 告警仍然存在，需查看 2M 接口板和业务板，如果有问题，则更换完好的板件进行处理。

（6）若故障仍未排除，可以依次更换交叉板、母板，直至故障排除。

排除用户侧业务故障：

（1）用户侧 2M 端口接口类型（平衡或非平衡）要与传输侧接口一致。

（2）用户侧 2M 端口发信号接传输侧的收信号，传输侧的发信号接用户侧的收信号，收发不能接反。

排除接地故障：接地不当也有可能是产生故障的原因，所以在排查故障时需注意检查 DDF 单元、ODF 单元、SDH 设备各自接地是否良好且共地。

3）2M 失联故障案例

案例：某日对其中一站进行扩容，要在其第 3 板位插入一块支路板，增加 2M 接口。从网管下发配置成功，但是有 WRG_BDTYPEE 告警上报，即有单板类型错误，配置的 2M 业务不通。

故障分析：由于上报单板类型错误，所以可能是由于单板软件和主机软件之间的配套问题，或者由于单板故障引起。

故障处理：

（1）首先查看主机版本、单板软件版本是否配套，核对版本配套表发现各版本配套正常。

(2)更换相同型号支路板后问题依旧，将单板更换槽位。

(3)更换槽位后单板能正常开工，说明原槽位应该存在问题，可能是母板故障或者是单板和母板失配的原因。

(4)检查原槽位处母板和单板接口是否有倒针或者歪针现象，经检查并无倒针。

(5)检查单板插入情况，发现单板拉手条稍微高于相邻单板，应该是单板并未完全插入。

(6)用力将单板完全推入槽位，再查实际插板情况，WRG_BDTYPE 告警消失，业务开通正常。

故障总结：在插入单板的时候，不要强行用力插入，避免出现倒针。另外，也要注意观察单板有没有插到位，可以通过观察插入单板的拉手条和其他单板的拉手条是否在同一平面上进行判断。

5. 以太网业务故障处理

1)以太网业务故障概述

以太网业务已经成为 SDH 的重要常见业务，发生故障的概率也随之增加。以太网业务故障将影响到本业务传递的用户业务中断。一般来说，SDH 上的以太网业务是提供给数据两络主用通道使用的，数据网上承载着大量不同类型的用户业务。当一条以太网业务故障时，往往影响这条链路上数据网承载的所有用户业务，影响面很大。另外以太网业务承载的业务越来越重要，比如调度数据网、电能采集、故障录播等。承载这些业务的以太网如果发生故障，会造成严重的后果，比如影响电网的安全运行、造成经济损失等。

2)以太网业务故障定位的基本思路及方法

要排除以太网故障，首先要了解 SDH 网络上以太网实现的工作原理，这部分详细内容可以参考 5.5.1 节。大体说来，SDH 是通过以太网板实现以太网业务的，以太网板的功能是将以太网帧进行相应处理后，转换成标准的 SDH 帧结构在 SDH 网络上进行传输，也就是 SDH 网络中的以太网业务可分为 SDH 侧处理和以太网侧处理两部分。以太网故障处理首先需要定位到 SDH 侧故障、以太网侧故障和外围设备故障，再进行相应的处理。处理以太网故障，需要灵活地使用告警分析法、逐段环回法、替换法等方法，以下是常见的处理步骤。

(1)排除 SDH 侧故障。

如果 SDH 侧发生故障，在网管中可以观察到以太网业务所占用的时隙一般有 AIS 告警。若有 AIS 告警，说明 SDH 提供给以太网使用的时隙工作不正常，需进行排除。AIS 告警可能是由光板故障、光缆故障、交叉板故障等引起的，这些故障一般会引起这条路径上的所有业务 AIS 告警，而且会有高级别告警产生。

如果仅仅是以太网所占用的时隙产生 AIS 告警，这些告警一般是由业务配置错误引起的，需要排除。以太网板的时隙配置和 2M 的配置基本相同，但以太网板有时隙概念，配置时需要遵循以太网板的时隙配置原则，具体可以参考相应厂家的说明书。

有些设备支持以太网业务测试，可以快速排除 SDH 侧故障。它从本站的 VCTRUNK 发送测试帧到对端 VCTRUNK，并在对端的 VCTUNK 环回后检测收发字节是否一致。如果字节一致，则只需要确认时隙绑定正确，就可以确认 SDH 侧没有问题。

(2)排除外围设备故障。

外围设备包括外围设备到以太网板的连接线路和外围设备本身两部分。连接线路一般由配线架、尾纤、网线等构成，一般可用替换法排除(配线架可以替换端口)。外围设备种类很多，不同类型外围设备的故障排除通用方法是：让外围设备使用相同的端口，用非故障以太网通道或其他以太网通道与对端设备连接，如果通信正常，则可以排除外围设备本身问题。

另外还要排除外部设备和以太网板的匹配问题。比如单模和多模不能匹配，10M 和 100M 不能匹配，半双工和全双工不能匹配等，出现匹配问题需要更换匹配的板件或者更改双方的参数设置。

(3)排除以太网侧故障。

由于以太网侧业务配置较为复杂，容易出现配置错误的情况。不同的以太网类型业务(EPL、EPLAN、EVPL、EVPLAN)需要设定的参数不同，需要逐段、逐个参数进行检查，排除由设置错误引起的故障。

检查内部端口和外部端口的连接设置是否正确，如有错误，重新设置排除故障。

检查内部端口的属性设置，如有错误，重新设置排除故障。

检查外部端口的属性设置，如有错误，重新设置排除故障。注意，外部端口连接的是外围用户设备，参数的设置需要根据用户设备的设定进行，比如半双工/全双工、速率、最大帧长等。

检查数据的过滤模式是否正确，如有错误，重新设置排除故障。

(4)排除以太网板硬件故障。

如果以上操作完成，故障仍然存在，基本可以定位为板件硬件故障，更换板件排除故障。

总的来说，以太网故障的排除比较困难，处理时间较长，需要维护人员有良好的 SDH 基础和以太网基础，很多以太网故障往往是由于兼容性或者以太网协议设置错误引起的，并不是 SDH 以太网业务通道的问题。这样就需要维护人员在平时工作中养成日志记录的习惯，多分析、多统计、多归纳总结，找到故障产生的共同点，提高故障排除的能力。

3)以太网业务故障案例

案例：某一环形组网结构如图 5-49 所示，需要配置 NE2 和 NE3 分别到 NE1 的 EPLAN 以太网业务，并将原有承载在公网上的业务割接为承载在这张自建 SDH 网上，配置完成业务割接后发现业务中断。

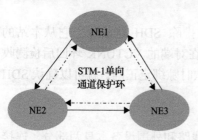

图 5-49　环形组网结构

故障分析：原来业务承载在公网上正常，基本可判断外围设备无故障，先从 SDH 侧和以太网侧进行故障排除。

故障处理：

（1）查询 SDH 侧 AIS 告警情况，发现业务无告警，排除 SDH 侧故障。

（2）根据 EPLAN 业务特点，检查内部端口和外部端口的连接设置，VB 挂接没有问题。

（3）根据 EPLAN 业务特点，检查内部端口属性，均为 Tag Aware，没有问题。

（4）咨询用户业务模式，确认外部设备没有启用 VLAN，检查外部端口属性，均为 Access，没有问题。

（5）进一步检查默认的 VLANID，发现 NE1 中外部端口默认 VLAN_ID 为 100，NE2、NE3 中外部端口默认 VLAN_ID 为 1，将 NE1 默认 VLAN_ID 修改为 1，故障排除，用户业务恢复。

故障总结：从以上案例可以看出，排除以太网业务故障一定要对 SDH 处理以太网业务的工作原理很熟悉。外部端口模式为 Access 时，系统会加上 VLAN 标签，VLAN_ID 使用默认值（可人工修改），对端网元的外部端口在出端口时检测 VLAN_ID 是否与本默认 VLAN_ID 一致，若一致就去除 VLAN 标签进行发送，若不一致就会将信号丢弃。另外还可以看出，业务割接等操作，一定要严格按照规范实施，比如在本案例中，工程人员在没有确认业务通道已经完好的情况下，中断客户业务进行割接操作，导致业务中断时间增长，造成一定的损失。

# 6 电力通信系统常见检修实例分析

## 6.1 电源设备检修实例分析

### 6.1.1 某 500kV 变电站电源改造工程检修

#### 6.1.1.1 检修背景

某 500kV 变电站现有两套通信高频开关电源,品牌为中凌。目前已无整流模块扩容槽位,无法进行扩容改造。

#### 6.1.1.2 检修目标

本次改造工作增加 2 台高频开关电源,分别连接蓄电池及直流屏,新增两台高频开关电源引电自机房内原有交流配电屏。

#### 6.1.1.3 检修准备

1. 现场查勘

(1)变电站内原有 4 台直流配电屏中,其中 1#、2#直流配电屏无联络开关,不进行割接;3#、4#直流配电屏有联络开关,可进行正常割接,割接时无需合上联络开关,改造前通信电源接线图如图 6-1 所示。

(2)1#、2#直流配电屏内负载存在单路运行的情况,本期保持其原有连接方式不变。将 3#、4#直流配电屏割接到新增高频开关电源 3、4 上。

(3)1#、2#直流配电屏及原高频开关电源 1、2(中凌)本期进行保留、与 2、4 号蓄电池组并联浮充运行。

2. 影响范围及过渡措施

本期工程将 1 号高开与新上 3 号高开临时并联运行,对运行设备临时供电,接完线后、将 1 号高开进线开关关断,使 3 号高开供电运行,2 号与 4 号高开与 1 号和 3 号高开同样并联倒换。不会对现有运行设备造成影响。

3. 检修申请

在 SG-TMS(通信管理系统)流转通信检修申请(流程如图 6-2 所示)。

4. 工作票填报

在 SG-TMS(通信管理系统)流转通信工作票(流程如图 6-3 所示)。

6.1.1.4　檢修三措一案

1. 施工組織措施

1)參與施工各方名稱及分工

通信運檢二班：負責現場信息核對，現場作業指導、監督、監護，直流分配屏負荷倒換，資料核對及標籤標識製作等；負責新通信開關電源屏和電纜橋架安

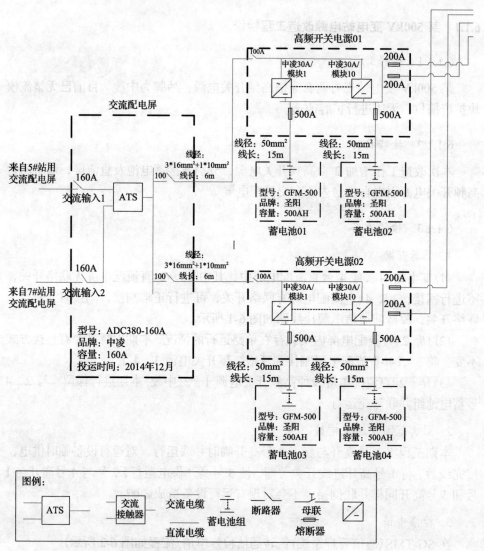

圖 6-1　改造前通信電源接線圖

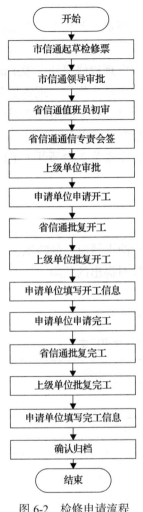

图 6-2　检修申请流程

图 6-3　通信工作票填报流程

装、电源线布放；1#和 3#蓄电池机柜原电源线拆除及新电源线和地线布放；2 台新开关电源交直流线接线安装和电缆头终端制作等。

2）工作总负责（协调）人及职责

检修工作存在多个工作现场，可设置一位工作总负责（协调）人；若仅有一个工作现场，工作负责人即是工作总负责（协调）人，该项不填写。

3）工作负责人及职责

工作负责人：通信运检二班高**，负责鞍山变电站整体施工的工作报票、现场勘察、具体施工组织，组织制定技术方案和落实，安全措施制定和落实，以及现场安全监护。

4) 施工人员及分工情况、职责

分单位、班组和专业简要介绍现场工作人员及职责，若存在多个工作现场，应逐个列出现场工作人员分工及职责。

通信运检二班：高\*\*，负责填写通信工作票，办理检修票开、竣工流程，现场安全监护；刘\*\*、张\*\*，负责现场信息核对、施工技术指导、现场负荷倒换；王\*\*、郭\*\*资料核对及标签标识制作等。杨\*\*、李\*\*、孙\*\*，负责新通信开关电源屏和线缆桥架安装及搬运、新负载电源线提前布放、1#和3#蓄电池机柜原电源线拆除及新电源线布放安装、接地线布放、接地排连接及2台新开关电源交直流接线；刘\*\*，负责电源线和接地线电缆头终端制作。

2. 现场工作安全措施

1) 危险源、危险点及预控措施

根据实际工作情况，详细列出主要危险源、危险点情况。危险源、危险点应列出操作检修对象本身可能导致的危险因素等。针对提出的危险源、危险点逐条列出对应的控制措施，不得遗漏。

工作的危险源、危险点结合具体工作可参考表6-1。

**表6-1　通信电源检修危险点分析与预控措施**

| 序号 | 危险点分析 | 预控措施 |
|---|---|---|
| 1 | 现场安全措施不完备 | a) 按工作票做好安全措施；<br>b) 明确作业地点与带电部位 |
| 2 | 未认真核对图纸和设备标识，造成误操作 | a) 操作前认真核对图纸和设备标识；<br>b) 作业时加强监护 |
| 3 | 误碰带电部位，造成人身触电 | a) 工作时不得走错位置，不要在危险点停留，不要误碰其他设备；<br>b) 拆接负载电缆前，应断开电源的输出开关；<br>c) 对工器具做绝缘处理；<br>d) 谨慎操作，防止误碰带电部位；<br>e) 作业时加强监护、旁边人进行核对确认 |
| 4 | 误碰电源开关，造成设备供电电源中断 | a) 关闭某一路空开前，仔细核对资料，确认无误后方可操作；<br>b) 谨慎操作，防止误碰其他空气开关；<br>c) 作业时加强监护 |
| 5 | 误接线，造成设备损坏 | a) 接线前认真核对图纸和设备标识；<br>b) 直流电缆接线前，应校验线缆两端极性；<br>c) 作业时加强监护 |
| 6 | 机柜、电缆桥架安装 | a) 机柜定位，将机柜挪动到机柜底座上，调整平衡与其他机柜的平行；<br>b) 使用手电钻在机柜底座上打孔时，应将电源线接到具有漏电保护动作的插座上，做好防止触电措施；<br>c) 桥架安装前，检查桥架有无变形现象，镀锌层有无脱落，安装时，应先安装主桥架，再安装分支架，分支架连接牢固；<br>d) 电力电缆和通信光缆一起使用桥架时，电力电缆和通信光缆应分开，中心也应由隔板隔开 |

续表

| 序号 | 危险点分析 | 预控措施 |
|---|---|---|
| 7 | 电源接线注意事项 | a) 设备负载接电缆前，应断开交、直流屏电源的输出开关；<br>b) 直流电缆接线前，应校验线缆两端极性。裸露电缆线头应做绝缘处理，用包布包好 |
| 8 | 接线接触不良，导致缆线接头处发热 | a) 使用合适的工具紧固、将扳手用绝缘包布包好；<br>b) 对接线情况进行复查、测量是否接地及正负极核对；<br>c) 对接线端子进行测温 |
| 9 | 电源设备断电前未转移负载，造成设备断电 | a) 电源设备断电检修前，应确认负载已转移或关闭；<br>b) 作业时加强监护 |
| 10 | 电缆孔洞封堵 | 电缆孔洞封堵电缆施工完成后应将穿越过的孔洞进行封堵,以达到防水、防火、防小动物的要求 |

2) 其他

凡参加本工程人员应认真学习并执行本措施的有关内容，遵守安全工作规程的有关规定；没有办理工作许可手续、不经值班人员许可，工作班成员不准进入施工现场。

3. 施工技术措施

1) 技术标准

(1)《通信专用电源技术要求、工程验收及运行维护规程》(Q/GDW11442—2015)；

(2)《电力系统通信站安装工艺规范》(Q/GDW 759—2012)；

(3)《国家电网公司电力安全工作规程(信息、电力通信、电力监控部分)》(国家电网安质〔2018〕396 号)；

(4)《国家电网有限公司通信电源方式管理要求(试行)》。

2) 工序工艺标准要求

列出施工工序工艺标准要求，所列出的要求应满足以上列出技术标准中的内容条款。

(1) 电源接线前必须验电；

(2) 核对图纸弄清楚电缆走向，电缆两端做好绝缘处理；

(3) 电源检修现场应符合安全工作规程的要求；

(4) 电缆不可交叉连接，不得过度用力拉扯电缆；

(5) 检修结束后工作现场无杂物。

3) 落实工序工艺标准的具体措施

依据具体工艺标准，逐条列出对应的控制措施，不得遗漏。

(1) 高频开关电源、技术指标符合标准要求；

(2)布线走向应符合工程设计要求，各种电缆分开布放，电缆的走向清晰、顺直，相互间不要交叉，捆扎牢固，松紧适度；

(3)各种电缆连接正确，整齐美观，不能有错误连接；

(4)电源线缆和输入、输出空开等必须用规范标签标明连接去向；

(5)施工期间，采取有效措施，不影响其他通信设备和系统的正常运行；

(6)电源设备检修完毕后，确保正常运行；

(7)结束离开时，剩余备用物品应整齐合理堆放，作废的包装箱等杂物应清除，机房内应干净、整洁。

4)验收内容及要求

针对本次检修工作提出验收的具体内容及要求。

由工作负责人组织开展本次检修工作的验收，验收内容包括：各项设备指示、数据参数正常；缆线无损伤，接线无松动，各设备正常运行；设备标识正确齐全等，无异常告警。

4. 施工方案

1)作业内容

按照顺序简要列出作业现场的各项施工内容，如表 6-2 所示。

表 6-2　作业内容

| 序号 | 作业内容 |
| --- | --- |
| 1 | 在电源室的预留屏位上安装新开关电源屏 |
| 2 | 在电源室安装桥架，连通至通信主机房 |
| 3 | 布放交直流电源线缆 |
| 4 | 新高频开关电源设备及蓄电池组屏上安装电源桥架 |
| 5 | 两台新通信电源通电、调试 |
| 6 | 将新开关电源3、4输出分别倒接至直流分配屏3、4上 |

2)准备工作安排

按照顺序简要列出作业安排，如表 6-3 所示。

表 6-3　工作安排

| 序号 | 内容 | 责任人 | 备注 |
| --- | --- | --- | --- |
| 1 | 工作负责人检查检修工作票、通信工作票等并办理工作许可开工手续 | 张** | |
| 2 | 工作负责人对作业人员交代作业任务、安全措施、危险点及防范措施，工作人员应明确作业范围、进度要求等内容，并在签字栏上签字 | 张** | |

| 序号 | 内容 | 责任人 | 备注 |
|---|---|---|---|
| 3 | 再次核实新通信电源及蓄电池组的安装位置、负载设备是否具备双路供电和逐路割接的条件、明确检修施工的步骤 | 王** | |
| 4 | 核对检修设备、辅材及工器具是否齐全 | 张** | |
| 5 | 做好现场安全措施，执行逐级汇报制度，最终得到省信通调度员许可后，方可工作 | 张** | |

3)施工步骤

详细描述检修工作的具体步骤，包括现场检修人员工作准备、开工流程、具体施工步骤、影响通信系统恢复确认、竣工流程及工器具等内容。

A. 固定机柜、墙壁打孔、安装桥架

(1)在电池室新安装 2 台开关电源柜，固定新开关电源机柜位置时，用电锤在地面打眼并用膨胀螺丝固定，且保证前后机柜门都能打开，便于以后的巡视和检修工作。

(2)安装电缆桥架，桥架安装前应对其外观进行检查,应做到部件齐全，表面光滑不变形；钢制桥架涂层完整，无锈蚀；玻璃钢制桥架色泽均匀，无破损碎裂；铝合金桥架涂层完整，无扭曲变形，不压扁，表面不划伤。

B. 电源线布放

(1)从电源室新开关电源 3#、4#机柜上布放两条 35mm$^2$ 接地线至通信机房接地铜排上，电池室桥架上再安装 2 个接地排，再布放两条 4×16mm$^2$ 交流电缆至通信机房交流屏的两个空开。

(2)在电源室重新放 1#、3#蓄电池组机柜两条 150mm$^2$ 电源线至 2 台新开关电源屏，再从电源室放两条 95mm$^2$ 新开关电源输出电缆到通信机房 3 号、4 号直流分配屏，放好的电源线必须用绝缘交布包好防止设备知短路。

C. 电缆头终端制作、按设计图纸核对电源走向、新开关电源接线试电

(1)将布放好的交直流电源线留够长度，根据工艺要求做好接地线和电源线的电缆头终端制作。

(2)根据设计图对所安装的开关电源和电源走线进行检查核对,为电源设备开通做准备。

(3)连接好 2 台新开关电源接地线和交流电源线，核对好线序后加电试验，并检查开关电源运行情况。

D. 电池电源线倒换、负载倒换工作

(1)断开 2 台新开关电源至 3 号、4 号直流分配屏熔丝器。

(2)将 1#、3#两组电池组分别从开关电源 1#和开关电源 2#相应电池熔丝器断

开，用万用表测量无电压后，把相应电缆拆除，并注意保护好电缆接头用绝缘交布包好。断开新开关电源电池熔丝器，将布放好的新 1#、3# 蓄电池电源电缆线分别接到新开关电源 3#、4# 上。

(3)在设备运行正常的情况下，将新上高开 3 输出直流线接到分配屏 3 的备用接线上(接时应将空开断开)，接好后将高开 3 输出电压调整与高开 1 基本一致后，合上接线空开与相应熔断器。使高开 1 与高开 3 并联运行正常后，再断开原高开 1 的空开、并将原接线拆除，高开 2 与 4 同上。

(4)正常情况下，将所有负载空开逐一闭合，每闭合一个直流分配屏空开，必须检查所断负载设备运行是否正常运行。

E. 4 号直流分配屏工作流程

(1)核实原开关电源及蓄电池组带载情况，确保负载转移完成前可靠运行，直流负载设备不停电；

(2)规范布放负载至新开关电源屏、新开关电源屏至站用交流屏的电源线缆；

(3)完成新高频开关电源及蓄电池组的调试测试，包括对新蓄电池组进行首次核对性充放电测试，确认新设备运行可靠；

(4)断开原开关电源侧 1# 输出空开(标签：220kV** 变电站中兴 S385 光端机第 1 路)，检查中兴 S385 光端机电源单板告警情况，确认第 2 路电源正常运行；

(5)拆除原开关电源侧 1# 输出空开至中兴 S385 光端机第 1 路旧负载电源线；

(6)确认电压、极性无误后，接通新开关电源侧 1# 输出空开至中兴 S385 光端机第 1 路旧负载电源线，闭合新开关电源侧 1# 输出空开；

(7)确认中兴 S385 光端机第 1 路输入电源恢复运行；

(8)断开原开关电源侧 2# 输出空开(标签：220kV** 变电站华为 metro1000 光端机第 1 路)，检查华为 metro1000 光端机电源单板告警情况，确认第 2 路电源正常运行；

(9)拆除原开关电源侧 2# 输出空开至华为 metro1000 光端机第 1 路旧负载电源线；

(10)确认电压、极性无误后，接通新开关电源侧 2# 输出空开至华为 metro1000 光端机第 1 路旧负载电源线，闭合新开关电源侧 2# 输出空开；

(11)确认华为 metro1000 光端机第 1 路输入电源恢复运行；

(12)断开原开关电源侧 3# 输出空开(标签：220kV** 变电站 H3C 路由器第 1 路)，检查 H3C 路由器电源单板告警情况，确认第 2 路电源正常运行；

(13)拆除原开关电源侧 3# 输出空开至 H3C 路由器第 1 路旧负载电源线；

(14)确认电压、极性无误后，接通新开关电源侧 3# 输出空开至 H3C 路由器第 1 路旧负载电源线，闭合新开关电源侧 3#输出空开；

(15)确认 H3C 路由器第 1 路输入电源恢复运行；

(16)断开原开关电源侧 4#输出空开(标签：220kV**变电站萨基姆 PCM 第 1 路)，检查萨基姆 PCM 电源单板告警情况，确认第 2 路电源正常运行；

(17)拆除原开关电源侧 4#输出空开至萨基姆 PCM 第 1 路旧负载电源线；

(18)确认电压、极性无误后，接通新开关电源侧 4#输出空开至萨基姆 PCM 第 1 路旧负载电源线，闭合新开关电源侧 4#输出空开；

(19)确认萨基姆 PCM 第 1 路输入电源恢复运行；

(20)待新通信电源系统正常运行一段时间后，拆除原开关电源及其蓄电池组；

(21)清理工作现场，所有人员退出，办理方式单、检修票、工作票终结手续。

4)应急方案

充分考虑本次检修对通信系统的影响，若本次检修工作因特殊情况未能按照计划实施，应启动相应的临时供电方案或回退措施，确保本次检修不会对现有通信系统造成更严重影响。检修期间旧通信电源暂不拆除，如新电源出现运行异常，应首先判断故障原因并作出相应处理，如有必要，应及时将负载接线恢复至原通信电源。

### 6.1.1.5 检修结束

现场作业结束后，核对业务恢复情况，清理现场，按照检修完工申请流程，申请检修结束，同时做好资料整理工作，绘制新电源系统接线图(图 6-4)。

## 6.1.2 某 500kV 变电站通信电源倒换检修

### 6.1.2.1 检修背景

本作业主要为某 500kV 变电站通信站交流配电屏电源切换。

### 6.1.2.2 检修目标

验证某 500kV 变电站通信站交流配电屏电源切换功能。

### 6.1.2.3 检修准备

1. 现场查勘

某 500kV 变电站现有通信交流屏 2 套，投运时间为 2012 年 8 月，设备品牌：泰坦电源，输入电流 125A，额定电流 160A。

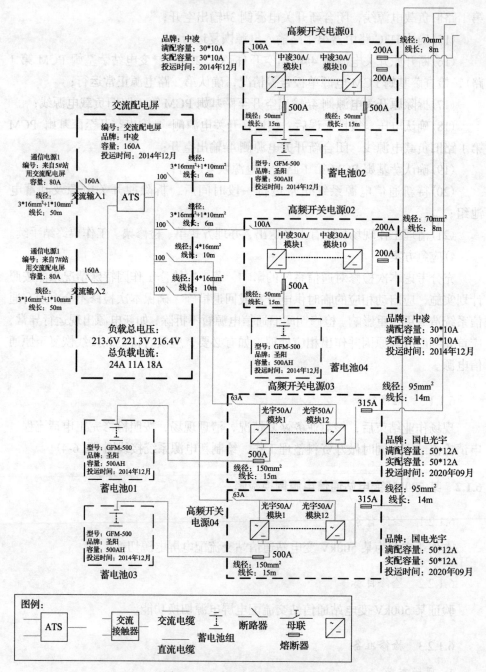

图 6-4  改造后电源系统接线图

2. 影响范围及过渡措施

无影响。

3. 检修申请

在 SG-TMS（通信管理系统）流转通信检修申请（流程如图 6-5 所示）。

4. 工作票填报

在 SG-TMS（通信管理系统）流转通信工作票（流程如图 6-6 所示）。

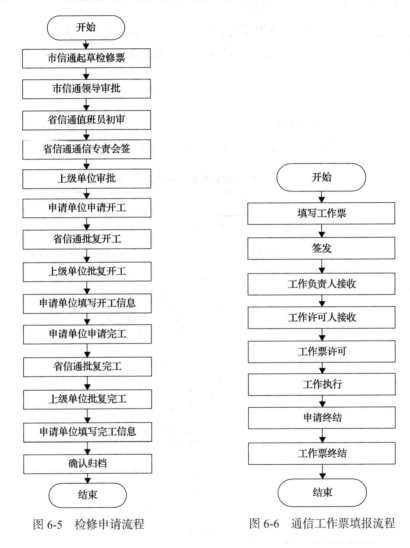

图 6-5　检修申请流程　　　　　图 6-6　通信工作票填报流程

## 6.1.2.4　检修三措一案

1. 施工组织

1) 参与施工各方名称及分工

通信运检二班：负责现场信息核对、电源电池测试、安全监督等。

工作总负责(协调)人及职责：周**，到岗到位监督，职责是协调作业，现场监督。

工作负责人及职责：通信运检二班孙**，负责办理工作地点的工作票、检修票、现场施工的安全监护，协调、解决施工中的问题。

2)施工人员及分工情况、职责

通信运检二班：孙**，负责填写通信工作票，办理检修票开、竣工流程，现场安全监护；于**，负责现场信息核对、运行设备运行状态监管、开关开闭；陈**，资料核对及标签标识核对等。

2. 现场工作安全措施

1)危险源、危险点及预控措施

按照作业现场的安全规范列出预控措施，如表 6-4 所示。

表 6-4　通信电源检修危险点分析与预控措施

| 序号 | 危险点分析 | 预控措施 |
|---|---|---|
| 1 | 现场安全措施不完备 | a)按工作票做好安全措施；<br>b)明确作业地点与带电部位 |
| 2 | 未认真核对图纸和设备标识,造成误操作 | a)操作前认真核对图纸和设备标识；<br>b)作业时加强监护 |
| 3 | 误碰带电部位，造成人身触电 | a)清扫设备时，使用绝缘除尘工具；<br>b)拆接负载电缆前，应断开电源的输出开关；<br>c)对工器具做绝缘处理；<br>d)谨慎操作，防止误碰带电部位；<br>e)作业时加强监护 |
| 4 | 误碰电源开关，造成设备供电电源中断 | a)关闭某一路空开前，仔细核对资料，确认无误后方可操作；<br>b)谨慎操作，防止误碰其他空气开关；<br>c)作业时加强监护 |
| 5 | 误接线，造成设备损坏 | a)接线前认真核对图纸和设备标识；<br>b)直流电缆接线前，应校验线缆两端极性；<br>c)作业时加强监护 |
| 6 | 仪表使用不当，造成损坏 | a)正确使用仪器仪表；<br>b)作业时加强监护 |
| 7 | 电源极间短路 | a)对工器具和缆线头进行绝缘处理；<br>b)作业时加强监护 |
| 8 | 接线接触不良，导致缆线接头处发热 | a)使用合适的工具紧固；<br>b)对接线情况进行复查；<br>c)对接线端子进行测温 |
| 9 | 电源设备断电前未转移负载，造成设备断电 | a)电源设备断电检修前，应确认负载已转移或关闭；<br>b)作业时加强监护 |

2) 其他

(1) 工程施工必须严格遵守本工程的《安全保证措施》、《国家电网公司电力安全工作规程(变电部分)》、《国家电网公司电力安全工作规程(通信部分)》和公司职业安全健康管理体系中的相关要，统一着装穿长袖衣服，佩戴安全帽、纯棉手套和绝缘鞋。

(2) 没有办理工作许可手续、不经运维单位班组人员许可，工作班成员不准进入施工现场。

(3) 安全检查时，应制定检查目的和检查项目、内容和执行的标准，要评比记录，列入个人及班组考核内容。

(4) 施工现场应设置消防器材。

(5) 施工现场严禁吸烟。

3. 施工技术措施

1) 技术标准

(1)《通信专用电源技术要求、工程验收及运行维护规程》(Q/GDW11442—2015);

(2)《电力系统通信站安装工艺规范》(Q/GDW 759—2012);

(3)《国家电网公司电力安全工作规程(信息、电力通信、电力监控部分)》(国家电网安质〔2018〕396 号);

(4)《国家电网有限公司通信电源方式管理要求(试行)》。

2) 工序工艺标准要求

(1) 电源切换前必须验电;

(2) 核对图纸弄清楚电缆走向;

(3) 电源切换试验现场应符合安全工作规程要求;

(4) 电缆不可交叉连接，不得过度用力拉扯电缆;

(5) 试验结束后工作现场无杂物;

(6) 电源设备开关及线缆在试验结束后标识应清晰。

3) 落实工序工艺标准的具体措施

(1) 高频开关电源、交流屏的性能、技术指标符合标准要求;

(2) 布线走向应符合工程设计要求，各种电缆分开布放，电缆的走向清晰、顺直，相互间不要交叉，捆扎牢固，松紧适度;

(3) 各种电缆连接正确，整齐美观，不能有错误连接;

(4) 电源线缆和输入、输出空开等须用规范标签标明连接去向;

(5) 施工期间，采取有效措施，不影响其他通信设备和系统的正常运行;

(6) 电源切换试验完毕后，确保正常运行;

(7) 试验结束离开时，剩余备用物品应整齐合理堆放，机房内应干净、整洁。

4) 验收内容及要求

由工作负责人(通信运检二班庞**)组织开展本次检修工作的验收，验收内容包括：各项设备指示、数据参数正常；缆线无损伤，接线无松动，各设备正常运行；设备标识正确齐全等，无异常告警。

4. 施工方案

1) 作业内容

按照顺序简要列出作业现场的各项施工内容，如表 6-5 所示。

**表 6-5　作业内容**

| 序号 | 作业内容 |
| --- | --- |
| 1 | 核对原交流屏开关信息 |
| 2 | 核对高频开关电源 1/2 接线情况和开关信息 |
| 3 | 测试 2 组蓄电池电压 |
| 4 | 断开 1 交流配电屏输入电源，检查 ATS 是否动作，并记录 |
| 5 | 断开 2 交流配电屏输入电源，检查 ATS 是否动作，并记录 |
| 6 | 恢复原电源运行状态 |
| 7 | 检查各开关位状态 |
| 8 | 通知通信调度，经允许后，撤离现场 |

2) 准备工作安排

按照顺序简要列出作业安排，如表 6-6 所示。

**表 6-6　工作安排**

| 序号 | 内容 | 责任人 | 备注 |
| --- | --- | --- | --- |
| 1 | 电源系统核对 | 孙** | |
| 2 | 材料准备 | 陈** | |
| 3 | 记录 | 陈** | |

施工现场确认本次检修所需的条件都已具备。按照顺序列出开工前的现场安全交底、资料复核、施工材料、工器具准备等工作，各项工作责任人及其工作范围应与"组织措施"中的人员分工情况相符，如表 6-7 所示。

3) 检修步骤

根据检修方案，及设备用电安全考虑制定如下施工方案。

(1) 核对交流屏开关信息；

(2) 核对高频开关电源 1/2 接线情况和开关信息；

(3) 测试 2 组蓄电池电压；

(4) 断开 1 交流配电屏输入电源，检查 ATS 是否动作，并记录；

表 6-7　工作安排

| 序号 | 内容 | 责任人 | 备注 |
|---|---|---|---|
| 1 | 工作负责人检查检修工作票、通信工作票等并办理工作许可开工手续 | 孙** | |
| 2 | 工作负责人对作业人员交代作业任务、安全措施、危险点及防范措施，工作人员应明确作业范围、进度要求等内容，并在签字栏上签字 | 孙** | |
| 3 | 再次核实新通信电源及蓄电池组的安装位置、负载设备是否具备双路供电和逐路割接的条件、明确检修施工的步骤 | 陈** | |
| 4 | 核对检修设备、辅材及工器具是否齐全 | 陈** | |
| 5 | 做好现场安全措施，执行逐级汇报制度，最终得到通信调度，方可工作 | 孙** | |

(5)断开 2 交流配电屏输入电源，检查 ATS 是否动作，并记录；

(6)恢复原电源运行状态；

(7)检查各开关位状态；

(8)清理工作现场，所有人员退出，办理方式单、检修票、工作票终结手续。

4)应急方案

检修期间如电源出现运行异常，应首先判断故障原因并作出相应处理，如有必要，应及时将负载接线恢复至原通信电源。

5)其他

可能发生的事故如触电及外伤事故。

紧急处置措施：①有组织地抢救伤员；②保护事故现场不被破坏；③及时向上级和有关部门报告。

### 6.1.2.5　检修结束

现场作业结束后，核对业务恢复情况，清理现场，按照检修完工申请流程，申请检修结束。

## 6.1.3　某中继站配合交流电停电监控电源

### 6.1.3.1　检修背景

因受**公司 66kV 金**一二线跨高速改造生产工程及电建公司**铁路水害整治用户迁改工程影响，66kV 某变电所分别于 11 月 8 日、16 日、21 日、26 日的 7:00 ~ 11:00 停电，造成某中继站交流供电中断(由北**变电站供电)。**公司将在停电期间配合做好中继站电源监控工作。

### 6.1.3.2　检修目标

某中继站配合交流电停电监控电源，确保设备在交流停电期间运行正常。

### 6.1.3.3　检修准备

**1. 现场查勘**

中继站机房现有 1 套国网 OTN 设备，4 套分部传输设备在运。配调检修当日，中继站现运行通信设备由 4 组 500Ah 蓄电池组和光伏电源供电。

**2. 影响范围及过渡措施**

经测算，不会影响通信设备正常运行。**公司将配合检修到中继站现场进行电源监控。

**3. 检修申请**

无。

**4. 工作票填报**

无。

### 6.1.3.4　检修三措一案

**1. 施工组织措施**

1) 参与施工各方名称及分工

信息通信分公司通信运检四班：负责现场信息核对、电池电压测试、安全监督等。

2) 工作总负责（协调）人及职责

李**，到岗到位监督，职责是协调作业，现场监督。

3) 工作负责人及职责

工作负责人：通信运检四班姜**，负责办理工作地点的工作票、检修票、现场施工的安全监护，协调、解决施工中的问题。

4) 施工人员及分工情况、职责

通信运检四班：姜**，负责填写通信工作票，办理检修票开、竣工流程，现场安全监护；李**，负责现场信息核对、运行设备运行状态监管、电池测试等。

5) 其他

无。

**2. 现场工作安全措施**

1) 危险源、危险点及预控措施

按照顺序列出作业现场的危险点与预控措施，如表 6-8 所示。

2) 其他

(1) 工程施工必须严格遵守本工程的《安全保证措施》、《国家电网公司电力安全工作规程（变电部分）》、《国家电网公司电力安全工作规程（通信部分）》和公司

表 6-8  通信电源检修危险点分析与预控措施

| 序号 | 危险点分析 | 预控措施 |
|---|---|---|
| 1 | 现场安全措施不完备 | a) 按工作票做好安全措施;<br>b) 明确作业地点与带电部位 |
| 2 | 未认真核对图纸和设备标识,造成误操作 | a) 操作前认真核对图纸和设备标识;<br>b) 作业时加强监护 |
| 3 | 误碰带电部位,造成人身触电 | a) 清扫设备时,使用绝缘除尘工具;<br>b) 拆接负载电缆前,应断开电源的输出开关;<br>c) 对工器具做绝缘处理;<br>d) 谨慎操作,防止误碰带电部位;<br>e) 作业时加强监护 |
| 4 | 误碰电源开关,造成设备供电电源中断 | a) 关闭某一路空开前,仔细核对资料,确认无误后方可操作;<br>b) 谨慎操作,防止误碰其他空气开关;<br>c) 作业时加强监护 |
| 5 | 误接线,造成设备损坏 | a) 接线前认真核对图纸和设备标识;<br>b) 直流电缆接线前,应校验线缆两端极性;<br>c) 作业时加强监护 |
| 6 | 仪表使用不当,造成损坏 | a) 正确使用仪器仪表;<br>b) 作业时加强监护 |
| 7 | 电源极间短路 | a) 对工器具和缆线头进行绝缘处理;<br>b) 作业时加强监护 |
| 8 | 接线接触不良,导致缆线接头处发热 | a) 使用合适的工具紧固;<br>b) 对接线情况进行复查;<br>c) 对接线端子进行测温 |
| 9 | 电源设备断电前未转移负载,造成设备断电 | a) 电源设备断电检修前,应确认负载已转移或关闭;<br>b) 作业时加强监护 |

职业安全健康管理体系中的相关要,统一着装穿长袖衣服,佩戴安全帽、纯棉手套和绝缘鞋。

(2) 没有办理工作许可手续、不经运维单位班组人员许可,工作班成员不准进入施工现场。

(3) 安全检查时,应制定检查目的和检查项目、内容和执行的标准,要评比记录,列入个人及班组考核内容。

(4) 施工现场应设置消防器材。

(5) 施工现场严禁吸烟。

3. 施工技术措施

1) 技术标准

(1)《通信专用电源技术要求、工程验收及运行维护规程》(Q/GDW11442—2015);

(2)《电力系统通信站安装工艺规范》(Q/GDW 759—2012);

(3)《国家电网公司电力安全工作规程(信息、电力通信、电力监控部分)》(国家电网安质〔2018〕396 号);

(4)《国家电网有限公司通信电源方式管理要求(试行)》。

2)工序工艺标准要求

(1)电源切换前必须验电;

(2)核对图纸弄清楚电缆走向;

(3)电源切换试验现场应符合《安规》要求;

(4)电缆不可交叉连接,不得过度用力拉扯电缆;

(5)试验结束后工作现场无杂物;

(6)电源设备开关及线缆在试验结束后标识应清晰。

3)落实工序工艺标准的具体措施

(1)高频开关电源、交流屏的性能、技术指标符合标准要求;

(2)布线走向应符合工程设计要求,各种电缆分开布放,电缆的走向清晰、顺直,相互间不要交叉,捆扎牢固,松紧适度;

(3)各种电缆连接正确,整齐美观,不能有错误连接;

(4)电源线缆和输入、输出空开等须用规范标签标明连接去向;

(5)施工期间,采取有效措施,不影响其他通信设备和系统的正常运行;

(6)电源切换试验完毕后,确保正常运行;

(7)试验结束离开时,剩余备用物品应整齐合理堆放,机房内应干净、整洁。

4)验收内容及要求

由工作负责人(通信运检四班姜**)组织开展本次检修工作的验收,验收内容包括:各项设备指示、数据参数正常;缆线无损伤,接线无松动,各设备正常运行;设备标识正确齐全等,无异常告警。

5)其他

无。

4. 施工方案

1)作业内容

按照顺序简要列出作业现场的各项施工内容,如表 6-9 所示。

表 6-9 作业内容

| 序号 | 作业内容 |
| --- | --- |
| 1 | 准备一台 10kW 发电机到现场做应急准备 |
| 2 | 安排专人到现场值守,从早停电之前开始到送电之后撤离 |
| 3 | 密切监视现场设备运行情况,监测电池电压 |
| 4 | 网络控制室加强动环监控系统监视,及时掌握现场电源告警信息 |
| 5 | 交流电恢复后确认交流电源输入是否正常 |
| 6 | 再次检查现场电源运行状态 |
| 7 | 通知通信调度,经允许后,撤离现场 |

2) 准备工作安排

按照顺序简要列出作业安排, 如表 6-10 所示。

表 6-10    工作安排

| 序号 | 内容 | 责任人 | 备注 |
|---|---|---|---|
| 1 | 电源系统核对 | 姜** | |
| 2 | 材料准备 | 李** | |
| 3 | 记录 | 李** | |

施工现场确认本次检修所需的条件都已具备。按照顺序列出开工前的现场安全交底、资料复核、施工材料、工器具准备等工作, 各项工作责任人及其工作范围应与"组织措施"中的人员分工情况相符, 如表 6-11 所示。

表 6-11    工作安排

| 序号 | 内容 | 责任人 | 备注 |
|---|---|---|---|
| 1 | 工作负责人检查检修工作票、通信工作票等并办理工作许可开工手续 | 姜** | |
| 2 | 工作负责人对作业人员交代作业任务、安全措施、危险点及防范措施, 工作人员应明确作业范围、进度要求等内容, 并在签字栏上签字 | 姜** | |
| 3 | 再次核实通信电源及蓄电池组的运行状态、明确检修施工的步骤 | 李** | |
| 4 | 核对检修设备、辅材及工器具是否齐全 | 李** | |
| 5 | 做好现场安全措施, 执行逐级汇报制度, 最终得到通信调度, 方可工作 | 姜** | |

3) 检修步骤

根据检修方案, 及设备用电安全考虑制定如下施工方案。

(1) 准备一台 10kW 发电机到现场做应急准备;

(2) 安排专人到现场值守, 从早停电之前开始到送电之后撤离;

(3) 密切监视现场设备运行情况, 监测电池电压;

(4) 网络控制室加强动环监控系统监视, 及时掌握现场电源告警信息;

(5) 交流电恢复后确认交流电源输入是否正常;

(6) 再次检查现场电源运行状态;

(7) 通知通信调度, 经允许后, 撤离现场。

4) 应急方案

(1) 现场准备一台 10kW 柴油发电机, 提前充满油, 做好接地, 用万用表测试发电机自带蓄电池电压是否正常;

(2) 打开发电机, 用万用表测试输出电压是否正常, 如正常可先关闭;

(3) 站内交流电全停后, 如蓄电池组不能正常供电, 立即将发电机输出线接在开关电源的油机输入口上;

(4) 将发电机打开, 再次测试输出电压是否正常, 如正常, 将油机接口开关合上，观察开关电源是否正常运行，各模块状态是否正常；

（5）测量开关电源直流办理出电压，按照负载先大后小的顺序，依次将所带负荷空开合上；

（6）如果现场设备供电正常，向省信通公司进行汇报，安排专人进行现场值守，密切观察设备运行情况；

（7）站内交流电恢复后，将接线方式恢复；

（8）排查蓄电池组不能正常供电的原因，形成故障报告，上报省信通公司。

5）其他

可能发生的事故如触电及外伤事故。

紧急处置措施：①有组织地抢救伤员；②保护事故现场不被破坏；③及时向上级和有关部门报告。

### 6.1.3.5　检修结束

监控结束后，通知通信调度，经允许后，撤离现场。

## 6.1.4　某 500kV 变电站通信电源消缺处理

### 6.1.4.1　检修背景

变电站通信机房现有一台交流配电屏，品牌为中凌，两台高频开关电源屏，品牌为中达，蓄电池组容量为 2 组 2019 年投运的西恩迪 1000Ah。高频开关电源一、高频开关电源二交流 1 路取自交流配电屏。现存在开关电源交流输入取自同一交流屏的电源系统隐患。

### 6.1.4.2　检修目标

本次改造目标是进行通信电源系统隐患整改作业，需将交流配电屏进行改造，现有交流屏已无位置安装滑道及空开，需在电源室新立机柜并安装滑道加装 1 个100A 空开分接 3 个 63A 空开（1 个 63A 空开留作交流备用）。准备在交流屏输入侧，输入 ATS 前，在第 1 路交流断路器出线端，通过直接并接交流电缆接引至新立机柜 100A 空开。通过分接的两个 63A 空开增加 2 路交流输出线缆，分别接至高频开关电源 1 和高频开关电源 2 第二路交流输入，从而实现每套开关电源取自不同交流母线的两路电源供电。

### 6.1.4.3　检修准备

#### 1. 现场查勘

变电站通信机房现有一台交流配电屏，品牌为中凌，两台高频开关电源屏，品牌为中达，蓄电池组容量为 2 组 2019 年投运的西恩迪 1000Ah。高频开关电源一、高频开关电源二交流 1 路取自交流配电屏，接线情况详见图 6-7。

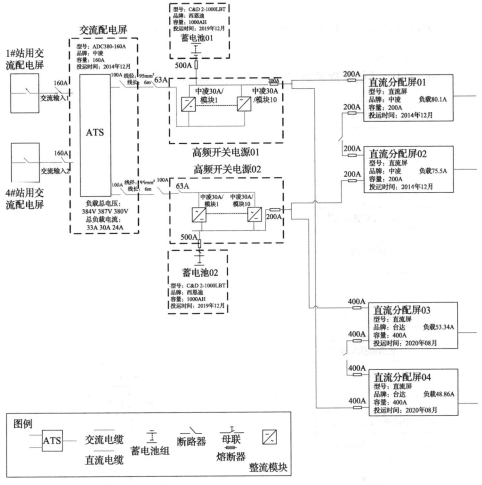

图 6-7　电源系统接线图

2. 影响范围及过渡措施

影响范围：通信电源整改，断开交流屏第二路交流输入电源开关期间，此时交流屏单路供电，开关电源一、开关电源二均由交流屏第一路交流供电。

供电方案：有二组蓄电池作为供电保障，整改结束后每组开关电源屏均有两路交流输入。

影响范围：张** 101 通道、**101 通道、**信息通道通过继电保护设备连接插排，在通信交流配电屏取电，交流供电中断。

供电方案：由继电保护专业人员，提供由继电保护室交流电源通过插排连接继电保护设备，保证作业期间 3 条通道信息正常上传，作业结束后恢复原供电方式。

3. 检修申请

在 SG-TMS（通信管理系统）流转通信检修申请（流程如图 6-8 所示）。

4. 工作票填报

在 SG-TMS（通信管理系统）流转通信工作票（流程如图 6-9 所示）。

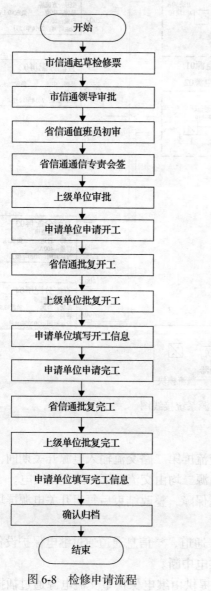

图 6-8　检修申请流程　　　　　图 6-9　通信工作票填报流程

### 6.1.4.4 检修三措一案

1. 施工组织措施

1) 参与施工各方名称及分工

通信运检一班：负责现场电源屏线缆拆除及接线、资料核对及标签标识制作等。

2) 工作负责人及职责

工作负责人：通信运检一班周**，负责办理工作地点的工作票、检修票、现场施工的安全监护，协调、解决施工中的问题。

3) 施工人员及分工情况、职责

通信运检　班：周**，负责填写通信工作票，办理检修票开、竣工流程，现场安全监护；杨**、唐**，负责现场信息核对、新立机柜固定及接线；张**，资料核对及标签标识制作等。

4) 其他

无。

2. 现场工作安全措施

1) 危险源、危险点及预控措施

按照顺序简要列出作业危险点与预控措施，如表6-12所示。

**表6-12　通信电源检修危险点分析与预控措施**

| 序号 | 危险点分析 | 预控措施 |
|---|---|---|
| 1 | 现场安全措施不完备，作业环境不安全或无安全措施 | a)按工作票做好安全措施，否则严禁施工；<br>b)明确作业地点与带电部位 |
| 2 | 未认真核对图纸和设备标识，造成误操作 | a)操作前认真核对图纸和设备标识；<br>b)作业时加强监护 |
| 3 | 误碰带电部位，造成人身触电 | a)拆接负载电缆前，应断开电源的输出开关；<br>b)对工器具做绝缘处理；<br>c)谨慎操作，防止误碰带电部位；<br>d)作业时加强监护 |
| 4 | 误碰电源开关，造成设备供电电源中断 | a)关闭某一路空开前，仔细核对资料，确认无误后方可操作；<br>b)谨慎操作，防止误碰其他空气开关；<br>c)作业时加强监护 |
| 5 | 误接线，造成设备损坏 | a)接线前认真核对图纸和设备标识；<br>b)直流电缆接线前，应校验线缆两端极性；<br>c)作业时加强监护 |
| 6 | 仪表使用不当，造成损坏 | a)正确使用仪器仪表；<br>b)作业时加强监护 |

续表

| 序号 | 危险点分析 | 预控措施 |
|---|---|---|
| 7 | 交流电相间、对地短路 | a) 对工器具和缆线头进行绝缘处理；<br>b) 作业时加强监护；<br>c) 对新安装的电缆，进行绝缘试验，绝缘大于 10MΩ 后，方可投入使用 |
| 8 | 接线接触不良，导致缆线接头处发热 | a) 使用合适的工具紧固；<br>b) 对接线情况进行复查；<br>c) 对接线端子进行测温 |
| 9 | 铺设电缆时对光纤等其他线缆造成损坏 | a) 铺设电缆时确认线缆走线路径、避免与其他线缆交叉；<br>b) 作业时加强监护 |
| 10 | 物资、设备随意摆放，无专人看管 | 物资、设备按照定置摆放，由专人看管 |
| 11 | 安全用品、用具不合格，带病作业，发生事故或造成人员伤害 | a) 电钻、磨光机、电源线绝缘良好；<br>b) 施工所用临时电源应保证开关灵活，配置漏电保护装置；<br>c) 施工用机具要求工况良好，严禁带病作业；<br>d) 安装后及清理杂物，关闭电源开关 |
| 12 | 返送电、感应电、误送开关造成触电伤害 | a) 操作某一路空开前，仔细核对资料，确认无误后方可操作；<br>b) 严格执行工作票中操作步骤，操作时派专人监护；<br>c) 悬挂"在此工作""禁止合闸，线路有人工作"等安全标示；<br>d) 在改造的交流屏母线上挂接接地线 |
| 13 | 无安全技术措施或未进行安全交底，造成事故 | a) 应有安全措施，且交底后才可施工；<br>b) 施工人员要严格按方案和安全措施执行，不得随意更改，若方案或措施有错误，应及时与技术人员协商解决 |
| 14 | 不正确使用劳动防护用品 | a) 熟悉劳保用品和防护用品的使用；<br>b) 施工中正确使用；<br>c) 经常检查、维护并妥善保管防护用品 |
| 15 | 擅自拆除挪用安全装置和设施 | a) 安全装置和设施严禁私自拆除、挪用；<br>b) 若施工需要，需拆除时应征求原搭设单位的同意；<br>c) 施工结束后按原样恢复 |

2）其他

（1）凡参加本工程人员应认真学习并执行本措施的有关内容，遵守安全工作规程中有关规定；

（2）没有办理工作许可手续、不经值班人员许可，工作班成员不准进入施工现场。

3. 施工技术措施

1）技术标准

（1）《通信专用电源技术要求、工程验收及运行维护规程》（Q/GDW11442—2015）；

（2）《电力系统通信站安装工艺规范》（Q/GDW 759—2012）；

(3)《国家电网公司电力安全工作规程(信息、电力通信、电力监控部分)》(国家电网安质〔2018〕396号);

(4)《国家电网有限公司通信电源方式管理要求(试行)》;

(5)《信息和通信电源有关技术标准差异协调统一条款》;

(6)《国家电网有限公司关于印发十八项电网重大反事故措施(修订版)的通知》(国家电网设备〔2018〕979号)。

2)工序工艺标准要求

(1)电源接线前必须验电;

(2)核对图纸弄清楚电缆走向,电缆两端做好绝缘处理;

(3)电源检修现场应符合安全工作规程要求;

(4)电缆不可交叉连接,不得过度用力拉扯电缆;

(5)检修结束后工作现场无杂物;

(6)电源设备开关及线缆在施工结束后标识应清晰。

3)落实工序工艺标准的具体措施

(1)高频开关电源、交流屏等电源设备的性能、技术指标符合标准要求;

(2)布线走向应符合工程设计要求,各种电缆分开布放,电缆的走向清晰、顺直,相互间不要交叉,捆扎牢固,松紧适度;

(3)各种电缆连接正确,整齐美观,不能有错误连接;

(4)电源线缆和输入、输出空开等须用规范标签标明连接去向;

(5)检修期间,采取有效措施,不影响其他通信设备和系统的正常运行;

(6)电源设备检修完毕后,确保正常运行;

(7)结束离开时,剩余备用物品应整齐合理堆放,作废的包装箱等杂物应清除,机房内应干净、整洁。

4)验收内容及要求

由工作负责人组织开展本次检修工作的验收,验收内容包括:各项设备指示、数据参数正常;缆线无损伤,接线无松动,各设备正常运行;设备标识正确齐全等,无异常告警。

5)其他

无。

4. 施工方案

1)作业内容

按照顺序简要列出作业现场的各项施工内容,如表6-13所示。

2)准备工作安排

按照顺序简要列出作业工作安排,如表6-14所示。

表 6-13  作业内容

| 序号 | 作业内容 |
|------|----------|
| 1 | 现场核查设备运行状态，确保改造期间直流负载设备不停电 |
| 2 | 安装空机柜，空机柜里安装滑道及空开，布放电缆分别至开关电源一、开关电源二及现有交流屏 |
| 3 | 断开交流屏第二路交流输入电源开关 |
| 4 | 将第二路交流输入接引至空机柜，开关电源1、开关电源2接引至空机柜 |
| 5 | 闭合交流屏第二路交流输入电源开关 |
| 6 | 开关电源一、开关电源二进行交流接触器切换测试 |
| 7 | 更换一组蓄电池至开关电源一熔丝，更换二组蓄电池至开关电源二熔丝 |

表 6-14  工作安排

| 序号 | 内容 | 责任人 | 备注 |
|------|------|--------|------|
| 1 | 工作负责人检查检修工作票、通信工作票等并办理工作许可开工手续 | 周** | |
| 2 | 工作负责人对作业人员交代作业任务、安全措施、危险点及防范措施，工作人员应明确作业范围、进度要求等内容，并在签字栏上签字 | 周** | |
| 3 | 再次核实新立机柜及空开安装位置、负载设备是否具备双路供电和逐路割接的条件、明确检修施工的步骤 | 杨** | |
| 4 | 核对检修设备、辅材及工器具是否齐全，对工器具和缆线头进行绝缘处理 | 唐** | |
| 5 | 做好现场安全措施，执行逐级汇报制度，最终得到省信通调度员及网公司许可后，方可工作 | 周** | |

3）施工步骤

（1）现场核查通信电源、蓄电池组、通信负载设备运行状态，确认设备满足作业条件，确保改造期间直流负载设备不停电。

（2）在电源室安装空机柜(利旧)，空机柜里安装 100A 空气开关一个，作为第二路交流输入，下接 3 个 63A 空气开关(一个留作交流备用)，并把接线接好。

（3）空机柜里分别放置两根 $4\times25mm^2$ 交流电缆，分别接至开关电源一、开关电源二。空机柜里放置一根 $4\times50mm^2$ 交流电缆至现有交流屏，把两根 $4\times25mm^2$ 交流电缆分别接到空机柜交流输出 63A 空气开关上，输出端分别接到开关电源一、开关电源二的第二路交流输入开关上。$4\times50mm^2$ 交流电缆接到 100A 空气开关上，对侧用绝缘胶带包好。期间保持新立空机柜内所有空气开关为断开状态。

（4）检查交流屏里 ATS 为常合状态，断开交流屏第二路交流输入电源开关，此时交流屏单路供电，开关电源一、开关电源二均由交流屏第一路交流供电。查看两个开关电源的运行状态正常后，用万用表及钳流表验电，确定交流屏第二路交流输入电源开关的输出端无电。

（5）确定交流屏第二路交流输入电源输出端无电后，将 $4\times50mm^2$ 交流电缆接到第二路交流输出 ATS 前接线并联，检验接线是否无误。

(6)确定无误后，合上第二路交流屏输入电源开关，合上空机柜里 100A 空气开关，再分别合上空机柜里至通信开关电源一，通信开关电源二的开关，验电无误后合上开关电源一屏、开关电源二屏第二路交流输入开关。

(7)查看两个开关电源的运行状态正常后，分别对开关电源一、开关电源二进行交流接触器切换测试(有蓄电池组做保障)。

(8)合上直流一和直流屏二、直流屏三和直流屏四母联开关，查看设备运行状态正常后，更换一组蓄电池至开关电源一熔丝、更换二组蓄电池至开关电源二熔丝(蓄电池组为 1000Ah，现有熔丝为 500A，不满足 ≥0.55C 要求，更换熔丝为630A)，更换熔丝后断开直流一和直流屏二、直流屏三和直流屏四母联开关。

(9)查看设备运行状态，观察一段时间，设备运行正常，人员撤离，办理方式单、检修票、工作票终结手续。

4)应急方案

当电源设备不能正常运行时，抢修必须在相关部门的密切配合下进行，使用配备的发电机等后备措施。应用最快的速度和方法，恢复电源设备的供电，保证通信设备的正常运行。障碍未排除时，抢修不得中止。对于不能在短时间恢复的故障，要采用快速、可行的方法，短时间恢复通信设备的供电。从而形成从接到障碍通知→现场测试→判定障碍点→组织抢修→及时汇报→现场修复→障碍分析→落实整改措施的闭环处理原则。

通信电源整改作业全过程中必须对工器具和缆线头进行绝缘处理，谨防电源极间短路；在通信电源加电工作中采取对相关通信设备做好防护措施，防止通信设备短路。

A. 发生触电情况

(1)事件发生后，现场人员要按照“先人后设备”的原则，首先对人员实施救护。

(2)救援工作前，救援人员必须冷静观察现场环境，防止造成对伤员的二次伤害或使救援人员受到伤害。必要时必须采取有效安全措施后再实施救护工作。或在必要时设置临时隔离区，并派专人看护。

(3)伤员脱离险境后，要就地进行必要处置(必要时打电话请求医院进行处置方法的指导)，然后迅速设法将伤员转移到就近医院进行救治。

(4)必要时，现场人员(或应急处理工作组)要向当地 120 或 110 等政府有关部门请求救援。

B. 作业现场运行设备发生异常跳闸处置措施

(1)立即停止现场作业保留施工现场，以便进行事故原因查找及分析。

（2）与运行人员做好事故预案和应急演练对现场作业中可能发生的开关跳闸做好应急处置工作。

（3）立即将现场发生的问题汇报调度以采取果断措施立即恢复停电所造成的影响与损失。

（4）立即向应急指挥中心汇报现场发生的问题和事件发生的简要原因。

（5）启动应急处置预案和信息报送流程。

### 6.1.4.5　检修结束

现场作业结束后，核对业务恢复情况，清理现场，按照检修完工申请流程，申请检修结束，同时做好资料整理工作，绘制新电源系统接线图（详见图 6-10）。

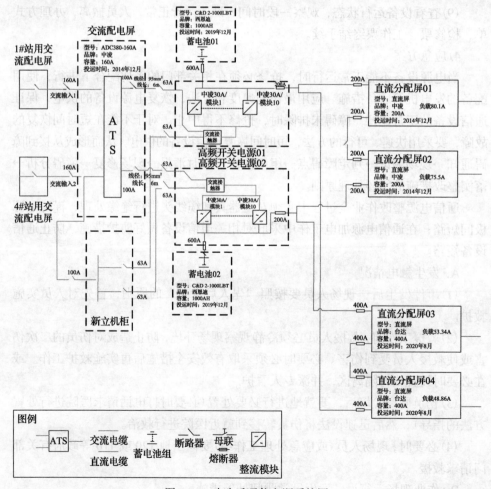

图 6-10　改造后通信电源系统图

### 6.1.5 某站 UPS 蓄电池组消缺处理

#### 6.1.5.1 检修背景

某站现有两组 UPS 主机, 配备两组蓄电池, 品牌为风帆, 型号 GFM-100。经设备巡视时发现 UPS 蓄电池组 1#第十一节蓄电池故障。该蓄电池运行两年, 单节故障, 不满足可靠性要求, 需进行更换。

#### 6.1.5.2 检修目标

本次更换 UPS 蓄电池组 1#第十一节蓄电池。

#### 6.1.5.3 检修准备

1. 现场查勘

无。

2. 影响范围及过渡措施

影响范围: 无。

3. 检修申请

在 SG-TMS(通信管理系统)流转通信检修申请(流程如图 6-11 所示)。

4. 工作票填报

在 SG-TMS(通信管理系统)流转通信工作票(流程如图 6-12 所示)。

#### 6.1.5.4 检修三措一案

1. 施工组织措施

1)参与施工各方名称及分工

网络控制室: 负责带领运维人员进行蓄电池更换、资料核对等。

2)工作负责人及职责

工作负责人: 网络控制室艾**, 负责办理工作地点的工作票、检修票、现场施工的安全监护, 协调、解决施工中的问题。

3)施工人员及分工情况、职责

网络控制室: 艾**, 负责填写通信工作票, 办理检修票开、竣工流程, 现场安全监护; 郭芮, 资料核对。

2. 现场工作安全措施

危险源、危险点及预控措施(表 6-15)。

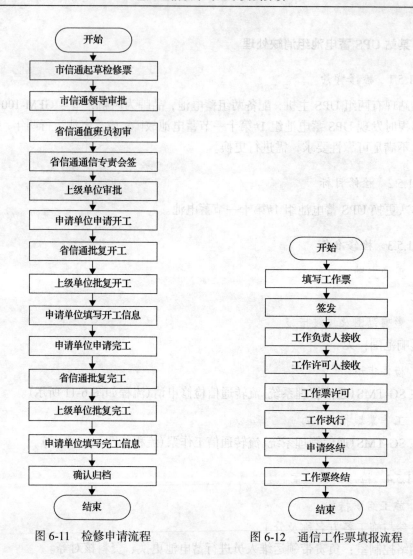

图 6-11　检修申请流程　　　　图 6-12　通信工作票填报流程

**表 6-15　通信电源检修危险点分析与预控措施**

| 序号 | 危险点分析 | 预控措施 |
|---|---|---|
| 1 | 现场安全措施不完备 | a) 按工作票做好安全措施；<br>b) 明确作业地点与带电部位 |
| 2 | 未认真核对图纸和设备标识，造成误操作 | a) 操作前认真核对图纸和设备标识；<br>b) 作业时加强监护 |
| 3 | 误碰带电部位，造成人身触电 | a) 清扫设备时，使用绝缘除尘工具；<br>b) 拆接负载电缆前，应断开电源的输出开关；<br>c) 对工器具做绝缘处理；<br>d) 谨慎操作，防止误碰带电部位；<br>e) 作业时加强监护 |

| 序号 | 危险点分析 | 预控措施 |
|---|---|---|
| 4 | 误碰电源开关,造成设备供电电源中断 | a)关闭某一路空开前,仔细核对资料,确认无误后方可操作;<br>b)谨慎操作,防止误碰其他空气开关;<br>c)作业时加强监护 |
| 5 | 误接线,造成设备损坏 | a)接线前认真核对图纸和设备标识;<br>b)直流电缆接线前,应校验线缆两端极性;<br>c)作业时加强监护 |
| 6 | 仪表使用不当,造成损坏 | a)正确使用仪器仪表;<br>b)作业时加强监护 |
| 7 | 电源极间短路 | a)对工器具和缆线头进行绝缘处理;<br>b)作业时加强监护 |
| 8 | 接线接触不良,导致缆线接头处发热 | a)使用合适的工具紧固;<br>b)对接线情况进行复查;<br>c)对接线端子进行测温 |
| 9 | 电源设备断电前未转移负载,造成设备断电 | a)电源设备断电检修前,应确认负载已转移或关闭;<br>b)作业时加强监护 |

3. 施工技术措施

1)技术标准

(1)《通信专用电源技术要求、工程验收及运行维护规程》(Q/GDW11442—2015);

(2)《电力系统通信站安装工艺规范》(Q/GDW 759—2012);

(3)《国家电网公司电力安全工作规程(信息、电力通信、电力监控部分)》(国家电网安质〔2018〕396号);

(4)《国家电网有限公司通信电源方式管理要求(试行)》。

2)工序工艺标准要求

(1)电源接线前必须验电;

(2)核对图纸弄清楚电缆走向,电缆两端做好绝缘处理;

(3)电源检修现场应符合安全工作规程要求;

(4)电缆不可交叉连接,不得过度用力拉扯电缆;

(5)检修结束后工作现场无杂物。

3)落实工序工艺标准的具体措施

(1)直流屏的性能、技术指标符合标准要求;

(2)布线走向应符合工程设计要求,各种电缆分开布放,电缆的走向清晰、顺直,相互间不要交叉,捆扎牢固,松紧适度;

(3)各种电缆连接正确,整齐美观,不能有错误连接;

(4)电源线缆和输入、输出空开等须用规范标签标明连接去向;

(5)施工期间,采取有效措施,不影响其他通信设备和系统的正常运行;

(6)电源设备检修完毕后，确保正常运行；

(7)工程结束离开时，剩余备用物品应整齐合理堆放，作废的包装箱等杂物应清除，机房内应干净、整洁。

4)验收内容及要求

由工作负责人组织开展本次检修工作的验收，验收内容包括：各项设备指示、数据参数正常；缆线无损伤，接线无松动，各设备正常运行；设备标识正确齐全等，无异常告警。

5)其他

无。

4. 施工方案

1)作业内容

更换辽中心站 UPS 蓄电池组 1#第十一节蓄电池。

2)准备工作安排(表 6-16)

**表 6-16　工作安排**

| 序号 | 内容 | 责任人 | 备注 |
|---|---|---|---|
| 1 | 工作负责人检查检修工作票、通信工作票等并办理工作许可开工手续 | 艾** | |
| 2 | 工作负责人对作业人员交代作业任务、安全措施、危险点及防范措施，工作人员应明确作业范围、进度要求等内容，并在签字栏上签字 | 艾** | |
| 3 | 再次核实蓄电池更换位置、明确检修施工的步骤 | 郭** | |
| 4 | 核对检修设备、辅材及工器具是否齐全 | 郭** | |
| 5 | 做好现场安全措施，执行逐级汇报制度，最终得到省信通调度许可后，方可工作 | 艾** | |

3)施工步骤

(1)断开辽阳中心站 UPS 电源与蓄电池组的连接。

(2)更换辽阳中心站 UPS 蓄电池组 1#第十一节蓄电池。

(3)连接辽中心站 UPS 电源与蓄电池组。

(4)检查 UPS 电源负载运行状态，检测安装蓄电池组运行状态。

4)应急方案

当电源设备不能正常运行时，抢修必须在相关部门的密切配合下进行。应用最快的速度和方法，恢复电源设备的供电，保证通信设备的正常运行。障碍未排除时，抢修不得中止。对于不能在短时间恢复的故障，要采用快速、可行的方法，短时间恢复通信设备的供电。从而形成从接到障碍通知→现场测试→判定障碍点→组织抢修→及时汇报→现场修复→障碍分析→落实整改措施的闭环处理原则。

辽中心站 UPS 电源系统更换蓄电池工作设备单路供电,在作业全过程中必须对工器具和缆线头进行绝缘处理,谨防电源极间短路;在更换蓄电池工作中采取对相关通信设备做好防护措施,防止通信设备短路。

5)其他

无。

### 6.1.5.5 检修结束

现场作业结束后,核对业务恢复情况,清理现场,按照检修完工申请流程,申请检修结束,同时做好资料整理工作,绘制新电源系统接线图。

## 6.1.6 某 220kV 变电站新增蓄电池组检修

### 6.1.6.1 检修背景

因原有一组蓄电池因性能下降已停运,现计划在该站新增一组 300Ah 蓄电池,保证两组蓄电池同时运行,提高供电可靠性。

### 6.1.6.2 检修目标

蓄电池组新增,提高供电可靠性。

### 6.1.6.3 检修准备

1. 现场查勘

无。

2. 影响范围及过渡措施

无。

3. 检修申请

在 SG-TMS(通信管理系统)流转通信检修申请(流程如图 6-13 所示)。

4. 工作票填报

在 SG-TMS(通信管理系统)流转通信工作票(流程如图 6-14 所示)。

### 6.1.6.4 检修三措一案

1. 施工组织措施

1)参与施工各方名称及分工

信息通信分公司通信运检二班:负责现场信息核对、电源电池测试、安全监督等。

图 6-13　检修申请流程　　　　　图 6-14　通信工作票填报流程

2)工作总负责(协调)人及职责

周**,到岗到位监督,职责是协调作业,现场监督。

3)工作负责人及职责

工作负责人:通信运检二班孙**,负责办理工作地点的工作票、检修票、现场施工的安全监护,协调、解决施工中的问题。

4)施工人员及分工情况、职责

通信运检二班:孙**,负责填写通信工作票,办理检修票开、竣工流程,现场安全监护;于**,负责现场信息核对、运行设备运行状态监管、电池测试;陈**,资料核对及标签标识核对等。

5)其他

无。

2. 现场工作安全措施

危险源、危险点及预控措施，如表6-17所示。

表 6-17 通信电源检修危险点分析与预控措施

| 序号 | 危险点分析 | 预控措施 |
|---|---|---|
| 1 | 现场安全措施不完备 | a)按工作票做好安全措施；<br>b)明确作业地点与带电部位 |
| 2 | 未认真核对图纸和设备标识，造成误操作 | a)操作前认真核对图纸和设备标识；<br>b)作业时加强监护 |
| 3 | 误碰带电部位，造成人身触电 | a)清扫设备时，使用绝缘除尘工具；<br>b)拆接负载电缆前，应断开电源的输出开关；<br>c)对工器具做绝缘处理；<br>d)谨慎操作，防止误碰带电部位；<br>e)作业时加强监护 |
| 4 | 误碰电源开关，造成设备供电电源中断 | a)关闭某一路空开前，仔细核对资料，确认无误后方可操作；<br>b)谨慎操作，防止误碰其他空气开关；<br>c)作业时加强监护 |
| 5 | 误接线，造成设备损坏 | a)接线前认真核对图纸和设备标识；<br>b)直流电缆接线前，应校验线缆两端极性；<br>c)作业时加强监护 |
| 6 | 仪表使用不当，造成损坏 | a)正确使用仪器仪表；<br>b)作业时加强监护 |
| 7 | 电源极间短路 | a)对工器具和缆线头进行绝缘处理；<br>b)作业时加强监护 |
| 8 | 接线接触不良，导致缆线接头处发热 | a)使用合适的工具紧固；<br>b)对接线情况进行复查；<br>c)对接线端子进行测温 |
| 9 | 电源设备断电前未转移负载，造成设备断电 | a)电源设备断电检修前，应确认负载已转移或关闭；<br>b)作业时加强监护 |

3. 施工技术措施

1)技术标准

(1)《通信专用电源技术要求、工程验收及运行维护规程》(Q/GDW11442—2015)；

(2)《电力系统通信站安装工艺规范》(Q/GDW 759—2012)；

(3)《国家电网公司电力安全工作规程(信息、电力通信、电力监控部分)》(国家电网安质〔2018〕396号)；

(4)《国家电网有限公司通信电源方式管理要求(试行)》。

2) 工序工艺标准要求

(1) 电源切换前必须验电；

(2) 核对图纸弄清楚电缆走向；

(3) 电源切换试验现场应符合安全工作规程要求；

(4) 电缆不可交叉连接，不得过度用力拉扯电缆；

(5) 试验结束后工作现场无杂物；

(6) 电源设备开关及线缆在试验结束后标识应清晰。

3) 落实工序工艺标准的具体措施

(1) 高频开关电源、交流屏的性能、技术指标符合标准要求；

(2) 布线走向应符合工程设计要求，各种电缆分开布放，电缆的走向清晰、顺直，相互间不要交叉，捆扎牢固，松紧适度；

(3) 各种电缆连接正确，整齐美观，不能有错误连接；

(4) 电源线缆和输入、输出空开等必须用规范标签标明连接去向；

(5) 施工期间，采取有效措施，不影响其他通信设备和系统的正常运行；

(6) 电源切换试验完毕后，确保正常运行；

(7) 试验结束离开时，剩余备用物品应整齐合理堆放，机房内应干净、整洁。

4) 验收内容及要求

由工作负责人(通信运检二班庞**)组织开展本次检修工作的验收，验收内容包括：各项设备指示、数据参数正常；缆线无损伤，接线无松动，各设备正常运行；设备标识正确齐全等，无异常告警。

5) 其他

无。

4. 施工方案

1) 作业内容

按照顺序简要列出作业现场的各项施工内容，如表 6-18 所示。

表 6-18　作业内容

| 序号 | 作业内容 |
| --- | --- |
| 1 | 将两组电源母联开关合上 |
| 2 | 新安装一组蓄电池 |
| 3 | 进行单节电池测试 |
| 4 | 新增电池组投入运行 |
| 5 | 将两组电源母联开关断开 |
| 6 | 检查电源运行状态 |
| 7 | 通知通信调度，经允许后，撤离现场 |

2)准备工作安排(表 6-19)

**表 6-19　工作安排**

| 序号 | 内容 | 责任人 | 备注 |
|---|---|---|---|
| 1 | 电源系统核对 | 孙** | |
| 2 | 材料准备 | 陈** | |
| 3 | 记录 | 陈** | |

施工现场确认本次检修所需的条件都已具备。按照顺序列出开工前的现场安全交底、资料复核、施工材料、工器具准备等工作,各项工作责任人及其工作范围应与"组织措施"中的人员分工情况相符,如表 6-20 所示。

**表 6-20　工作安排**

| 序号 | 内容 | 责任人 | 备注 |
|---|---|---|---|
| 1 | 工作负责人检查检修工作票、通信工作票等并办理工作许可开工手续 | 孙** | |
| 2 | 工作负责人对作业人员交代作业任务、安全措施、危险点及防范措施,工作人员应明确作业范围、进度要求等内容,并在签字栏上签字 | 孙** | |
| 3 | 再次核实新通信电源及蓄电池组的安装位置、负载设备是否具备双路供电和逐路割接的条件、明确检修施工的步骤 | 陈** | |
| 4 | 核对检修设备、辅材及工器具是否齐全 | 陈** | |
| 5 | 做好现场安全措施,执行逐级汇报制度,最终得到通信调度,方可工作 | 孙** | |

3)检修步骤

根据检修方案,及设备用电安全考虑制定如下施工方案:

(1)将两组电源母联开关合上;

(2)新安装一组蓄电池;

(3)进行单节电池测试;

(4)新增电池组投入运行;

(5)将两组电源母联开关断开;

(6)检查电源运行状态;

(7)通知通信调度,经允许后,撤离现场。

4)应急方案

检修期间如电源出现运行异常,应首先判断故障原因并做出相应处理,如有必要,应及时将负载接线恢复至原通信电源。

5)其他

无。

#### 6.1.6.5　检修结束

现场作业结束后，核对业务恢复情况，清理现场，按照检修完工申请流程，申请检修结束，同时做好资料整理工作，绘制新电源系统接线图（详见图 6-10）。

# 6.2　光传输设备检修实例分析

### 6.2.1　某 220kV 变电站光传输备用交叉板消缺处理

#### 6.2.1.1　检修背景

220kV**变电站地区传输网 OSN3500 设备 1 子架 10 槽备用交叉板故障，需要更换新板卡，进行缺陷处理。

#### 6.2.1.2　检修目标

OSN3500 备用交叉板故障缺陷处理。

#### 6.2.1.3　检修准备

1. 现场查勘

无。

2. 影响范围及过渡措施

无。

3. 检修申请

在 SG-TMS（通信管理系统）流转通信检修申请（流程如图 6-15 所示）。

4. 工作票填报

在 SG-TMS（通信管理系统）流转通信工作票（流程如图 6-16 所示）。

#### 6.2.1.4　检修三措一案

1. 施工组织措施

1）参与施工各方名称及分工

信通分公司通信运检二班：负责在通信机房地区传输 B 网 OSN3500 设备更换 1 子架 10 槽备用交叉板故障板卡。

2）工作负责人及职责

工作负责人：通信运检二班夏**，负责工作整体施工的工作报票、现场勘

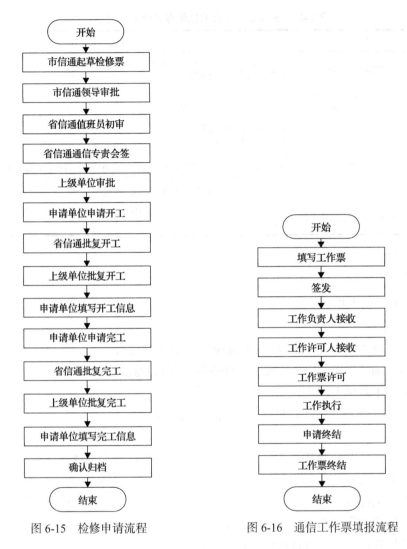

图 6-15　检修申请流程　　　　　图 6-16　通信工作票填报流程

察、具体施工组织、组织制定技术方案和落实，安全措施制定和落实，以及现场监护。

3)施工人员及分工情况、职责

工作人员：通信运检二班王**负责传输 B 网 OSN3500 设备 1 子架 10 槽备用交叉板更换，拆除故障板卡，安装新板卡。

4)其他事项

无。

2. 现场工作安全措施

1)主要危险源、危险点及控制措施(表 6-21)

表 6-21　通信设备检修的危险点分析与预控措施

| 序号 | 危险点分析 | 预控措施 |
|---|---|---|
| 1 | 误操作、误接线 | a) 在操作前必须详细核对设备图纸资料和设备配置信息，确保正确无误；<br>b) 拆线应填用作业指导卡，拆接线前认真核对，做好记录 |
| 2 | 误碰设备，导致设备或通道中断 | a) 谨慎操作，加强监护；<br>b) 不得误碰其他板件、设备 |
| 3 | 操作不规范，损坏板件 | a) 正确佩戴防静电手腕；<br>b) 严禁带电插拔电源板；<br>c) 勿带连接线插拔板件；<br>d) 插拔单板用力适度平稳，勿强行拔插，造成插针折弯，引起短路；<br>e) 更换下的电路板应放入防静电薄膜内；<br>f) 关闭、重启电源操作时保持一定间隔时间 |
| 4 | 板件受潮，光口受污染 | 当单板从一个温度较低、较干燥的地方拿到温度较高、较潮湿的地方时，至少需要等 30min 以后才能拆封 |

2) 其他

无。

3. 施工技术措施

1) 技术标准

(1)《电力安全工作规程》(Q/GDW 1799.1—2013)；

(2)《国家电网公司电力安全工作规程》(电力通信部分)(试行)；

(3)《十八项电网重大反事故措施》(修订版)；

(4)《电力系统通信站安装工艺规范》(Q/GDW 759—2012)。

2) 工序工艺标准要求

(1) 机房作业现场基本条件、电力通信电源负载能力等符合安全要求；

(2) 需要接地的设备工作，按照正确的顺序装拆接地线；

(3) 各类标签、标识根据设备和屏体的尺寸、大小进行统一规范制作；

(4) 检修过程中网管或设备数据完整、准确；

(5) 检修结束后，设备运行参数正常；

(6) 施工过程中产生的杂物及时清除场外。

3) 落实工序工艺标准的具体措施

(1) 安装电力通信设备前，宜对机房作业现场基本条件(屏柜空间、尺寸、颜色等)电力通信电源负载能力(容量、线径、开关等)是否符合安全要求进行现场勘察。

(2) 对于需要接地的设备，安装时应先接地，拆除设备时，最后再拆地线。禁止破坏接地导体。禁止在未安装接地导体时操作设备。设备应永久性的接到保护地。操作设备前，应检查设备的电气连接，确保设备已可靠接地。

（3）同一种型号设备标识应粘贴或悬挂在设备的同一位置，要求平整、美观，不能遮盖设备出厂标识。对于标识形式、材质、固定形式、颜色、字体的具体要求应根据国家电网公司发布的相关规定进一步细化，并制定相应的实施细则，以保证通信站内通信设施的标识统一性。

（4）电力通信网管检修工作开始前，应对可能受到影响的配置数据、应用数据等进行备份；电力通信网管切换试验前，应做好数据同步；检修工作结束前，若已备份的数据发生变化，应重新备份。

（5）检修结束后，现场观察设备无告警，网管无异常，光路收光功率应符合对应型号技术要求。

（6）工程结束离开时，剩余备用物品应整齐合理堆放，作废的包装箱等杂物应清除，机房内应干净、整洁。

4）验收内容及要求

由工作负责人组织开展本次检修工作的验收，验收内容包括但不限于：设备运行正常，各项设备指示、数据参数（光功率、误码）正常；缆线无损伤，接线无松动；设备安装规范、位置合理，设备面板齐全，设备标识规范齐全。

5）其他

无。

4. 施工方案

1）主要作业内容（表6-22）

**表6-22 作业内容**

| 序号 | 主要作业内容 |
|---|---|
| 1 | 填写通信工作票，履行签发、许可手续 |
| 2 | 核对待更换设备板卡及业务并做好记录 |
| 3 | 工作开工前，首先向省通信调度汇报，申请开工，待批复可以开工后方可工作 |
| 4 | 现场核实原设备板卡及业务，并做好记录 |
| 5 | 新设备检查板件是否正常，上电调试 |
| 6 | 拆除原传输B网OSN3500设备1子架10槽备用交叉板 |
| 7 | 安装新交叉板 |
| 8 | 向省通信调度申请完工，省通信调度逐级向上级通调申请完工，许可后，清理工作现场，所有人员退出，办理检修票、工作票终结手续 |

2）准备工作安排（表6-23）

3）应急方案

该施工为缺陷处理，应及时按照国网要求，进行板卡更换，在施工中不误操作其他设备，若遇到其他设备问题，应听从调度指挥，尽快恢复现场。

**表 6-23  工作安排**

| 序号 | 内容 | 责任人 | 备注 |
|---|---|---|---|
| 1 | 施工现场确认本次检修所需的条件都已具备 | 夏** | |
| 2 | 工作负责人检查工作任务单、方式单、工作票或操作票并向值班员办理工作许可手续 | 夏** | |
| 3 | 工作负责人对作业人员交代作业任务、安全措施、危险点及防范措施，工作人员应明确作业范围、进度要求等内容，并在签字栏上签字 | 夏** | |
| 4 | 再次核实板卡的安装位置，明确检修施工的步骤 | 夏** | |
| 5 | 做好现场安全措施，执行逐级汇报制度，最终得到省信通调度员及国网网管许可后，方可工作 | 夏** | |

4）其他

无。

### 6.2.1.5  检修结束

作业结束后，观察 20min 正常后，向通信调度申请完工，经允许后，撤离现场。

## 6.2.2  某中继站 OTN 0-1-1 SNP 板消缺处理

### 6.2.2.1  检修背景

某中继站现运行 1 套中兴 OTN 设备，于 2013 年投运。2019 年 11 月 9 日，监控发现 OTN 0-1-1 SNP 板故障，本次检修计划对该故障单板进行更换消缺。

### 6.2.2.2  检修目标

调度监控发现 OTN 0-1-1 SNP 板故障，本次检修计划对该故障单板进行更换消缺。

### 6.2.2.3  检修准备

1. 现场查勘

无。

2. 影响范围及过渡措施

本次检修没有业务影响。

不需线路停电或跨省配合。

3. 检修申请

在 SG-TMS（通信管理系统）流转通信检修申请（流程如图 6-17 所示）。

4. 工作票填报

在 SG-TMS（通信管理系统）流转通信工作票（流程如图 6-18 所示）。

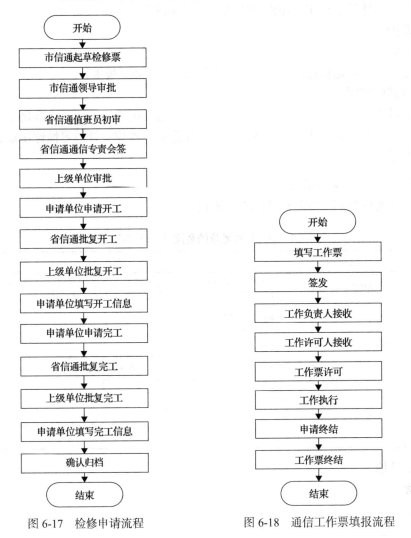

图 6-17 检修申请流程　　图 6-18 通信工作票填报流程

### 6.2.2.4 检修三措一案

1. 施工组织措施

1）参与施工各方名称及分工

通信运检二班：负责到中继站变通信机房更换 OTN 设备故障单板。

2）工作总负责（协调）人及职责

无。

3) 工作负责人及职责

工作负责人：通信运检二班孙**，负责中继站工作整体施工的工作报票、现场勘察、具体施工组织、组织制定技术方案和落实，安全措施制定和落实，以及现场监护。

4) 施工人员及分工情况、职责

工作人员：通信运检二班于**负责设备 0-1-1 SNP 板更换。

5) 其他事项

现场工作人员工作严格执行工作票流程，遵守电力通信现场标准化作业规范及电力通信部分安全工作规程各项要求。注意安全操作，杜绝习惯性违章，避免影响在运设备。

2. 现场工作安全措施

1) 主要危险源、危险点及控制措施（表 6-24）

表 6-24　通信设备检修的危险点分析与预控措施

| 序号 | 危险点分析 | 预控措施 |
|---|---|---|
| 1 | 误操作、误接线 | a) 在操作前必须详细核对设备图纸资料和设备配置信息，确保正确无误；<br>b) 拆线应填用作业指导卡，拆接线前认真核对，做好记录 |
| 2 | 操作不规范，损坏板件 | a) 正确佩戴防静电手腕；<br>b) 严禁带电插拔电源板；<br>c) 勿带连接线插拔板件；<br>d) 插拔单板用力适度平稳，勿强行拔插，造成插针折弯，引起短路；<br>e) 更换下的电路板应放入防静电薄膜内；<br>f) 关闭、重启电源操作时保持一定间隔时间 |
| 3 | 板件受潮，光口受污染 | a) 当单板从一个温度较低、较干燥的地方拿到温度较高、较潮湿的地方时，至少需要等 30min 以后才能拆封；<br>b) 未用的光口应用防尘帽套住，日常维护工作中使用的尾纤在不用时，尾纤接头也要戴上防尘帽 |

2) 其他

无。

3. 施工技术措施

1) 技术标准

(1)《电力安全工作规程》（Q/GDW 1799.1—2013）；

(2)《国家电网公司电力安全工作规程》（电力通信部分）（试行）；

(3)《十八项电网重大反事故措施》（修订版）；

(4)《电力系统通信站安装工艺规范》（Q/GDW 759—2012）。

2) 工序工艺标准要求

(1) 检修结束后，设备运行参数正常；

(2) 施工过程中产生的杂物及时清除场外。

3)落实工序工艺标准的具体措施

(1)检修结束后，现场观察设备无告警，网管无异常，光路收光功率应符合对应型号技术要求；

(2)工程结束离开时，剩余备用物品应整齐合理堆放，作废的包装箱等杂物应清除，机房内应干净、整洁。

4)验收内容及要求

由工作负责人组织开展本次检修工作的验收，验收内容包括但不限于：设备运行正常，各项设备指示、数据参数(光功率、误码)正常；检修所涉光路上承载业务恢复正常运行。

5)其他

无。

4. 施工方案

1)主要作业内容(表6-25)

表6-25　作业内容

| 序号 | 作业内容 |
|---|---|
| 1 | 填写通信工作票，履行签发、许可手续 |
| 2 | 核对待更换设备单板并做好记录 |
| 3 | 工作开工前，首先向省通信调度汇报，申请开工，待逐级批复可以开工后方可工作 |
| 4 | 将故障 0-1-1 SNP 单板拔下，插上新带去的备板 |
| 5 | 检查新更换单板运行是否正常 |
| 6 | 向省通信调度申请完工，省通信调度逐级向上级通调申请完工，许可后，清理工作现场，所有人员退出，办理检修票、工作票终结手续 |

2)准备工作安排(表6-26)

表6-26　工作安排

| 序号 | 内容 | 责任人 | 备注 |
|---|---|---|---|
| 1 | 施工现场确认本次检修所需的条件都已具备 | 孙** | |
| 2 | 工作负责人检查工作任务单、工作票或操作票并向值班员办理工作许可手续 | 孙** | |
| 3 | 工作负责人对作业人员交代作业任务、安全措施、危险点及防范措施，工作人员应明确作业范围、进度要求等内容，并在签字栏上签字 | 孙** | |
| 4 | 核对检修设备、辅材及工器具是否齐全 | 孙** | |
| 5 | 做好现场安全措施，执行逐级汇报制度，最终得到省信通调度员及国网网管许可后，方可工作 | 孙** | |

3）应急方案

检修期间若设备出现运行异常，应首先判断故障原因并作出相应处理，若暂时无法解决，应及时汇报省信通调度；待查明原因，解决故障后再重新进行检修更换。

4）其他

无。

### 6.2.2.5　检修结束

作业结束后，观察 20min 正常后，向通信调度申请完工，经允许后，撤离现场。

## 6.2.3　某中继站光放系统改造工程检修

### 6.2.3.1　检修背景

现华为传输 OSN7500 出现紧缺状况，对端徐\*\*变电站已经无空余槽位，剩余其他站点设备可用业务槽位数均小于或仅剩 3 个，严重影响后续业务的扩展；同时，内置光放板卡无法统一纳入网管进行监控。

### 6.2.3.2　检修目标

对上述重要节点现有内置光放进行改造，腾退空余槽位，提升节点扩容能力。

### 6.2.3.3　检修准备

1. 现场查勘

中继站运行 1 套华为 OSN7500 设备，于 2013 投运，华为传输系统中重要节点采用内置光放，占用了大量传输设备业务槽位。

2. 影响范围及过渡措施

计划将中继站-徐\*\*变电站原光路拆除，先临时增加一条备用光路。待原通道更换成外置光放正常后，方可拆除临时备用光路。本次中继站到徐\*\*变电站之间只将中继站和徐\*\*变电站的 1+0 保护的原光路进行内置光放改成外置光放更换操作。

措施：

（1）中继站和徐\*\*变电站临时增加一路备用光路，待备用光路正常后。将中继站对徐\*\*变电站的原电路断开。

（2）确认对临时电路业务无影响后，将中继站的华为 OSN7500 传输设备 8 槽位 SL64 由内置光放改为外置光放。

（3）更改完成后，保证原光路回复后，方可拆除临时光路。

（4）由分部网管监控设备性能及告警。

(5)一切正常后，改造工作完成。

3. 检修申请

在 SG-TMS（通信管理系统）流转通信检修申请（流程如图 6-19 所示）。

4. 工作票填报

在 SG-TMS（通信管理系统）流转通信工作票（流程如图 6-20 所示）。

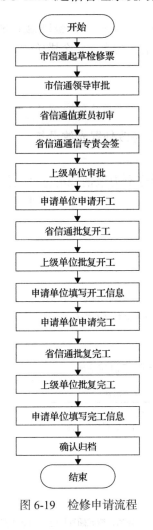

图 6-19　检修申请流程　　　　图 6-20　通信工作票填报流程

### 6.2.3.4　检修三措一案

1. 施工组织措施

1)参与施工各方名称及分工

通信运检班：负责现场信息核对、资料核对及安全监护等,负责光纤放大器设备安装与调试和业务恢复。

通信调度：负责在通信调度室加强网管监视。

2）工作总负责（协调）人及职责

王\*\*，施工总协调工作地点的工作票、检修票，现场施工的安全监护，协调、解决施工中的问题。

3）工作负责人及职责

中继站工作负责人：通信运检专责李\*\*，负责中继站工作整体施工的工作报票、现场勘察、具体施工组织、组织制定技术方案和落实，安全措施制定和落实，以及现场监护。

通信调度：负责在辽宁通信调度室加强网管监视。

4）施工人员及分工情况、职责

张\*\*中继站 OSN7500 设备原电路内置光放设备改外置光放设备。

5）其他事项

现场工作人员工作严格执行工作票流程，遵守电力通信现场标准化作业规范及电力通信部分安全工作规程各项要求。注意安全操作，杜绝习惯性违章，避免影响在运设备。

2. 现场工作安全措施

1）主要危险源、危险点及控制措施

根据实际工作情况，详细列出主要危险源、危险点情况。危险源、危险点应列出操作检修对象本身可能导致的危险因素等。针对提出的危险源、危险点逐条列出对应的控制措施，不得遗漏，如表 6-27 所示。

表 6-27　通信设备检修的危险点分析与预控措施

| 序号 | 危险点分析 | 预控措施 |
|---|---|---|
| 1 | 误操作、误接线 | a）在操作前必须详细核对设备图纸资料和设备配置信息，确保正确无误；<br>b）拆线应填用作业指导卡，拆接线前认真核对，做好记录 |
| 2 | 误碰设备，导致设备或通道中断 | a）清扫设备时，使用绝缘清扫工具；<br>b）谨慎操作，加强监护 |
| 3 | 操作不规范，损坏板件 | a）正确佩戴防静电手腕；<br>b）严禁带电插拔电源板；<br>c）勿带连接线插拔板件；<br>d）插拔单板用力适度平稳，勿强行拔插，造成插针折弯，引起短路；<br>e）更换下的电路板应放入防静电薄膜内；<br>f）关闭、重启电源操作时保持一定间隔时间 |
| 4 | 业务电路转移遗漏 | 检修作业前，应确认作业指导卡已正确执行，业务已全部转移完成 |
| 5 | 仪表损坏 | a）使用仪表时应摆放平稳，注意防潮、防尘、防有害源；<br>b）对需要接地的仪表应要接地 |

续表

| 序号 | 危险点分析 | 预控措施 |
|---|---|---|
| 6 | 光接口测试,操作不当造成人身伤害、损坏器件、通信中断 | a)避免光端口直接照射眼睛;<br>b)拔 LC 接头尾纤时,用拔纤器夹住接头的塑胶端面,适度用力将接头拔出;<br>c)不同光方向应逐一进行测试恢复,勿使线路两个光方向同时断开;<br>d)用尾纤直接进行光口自环时,必要时应在收发光口间加装衰减器,防止接收光功率过载 |
| 7 | 板件受潮,光口受污染 | a)当单板从一个温度较低、较干燥的地方拿到温度较高、较潮湿的地方时,至少需要等 30min 以后才能拆封;<br>b)未用的光口应用防尘帽套住,日常维护工作中使用的尾纤在不用时,尾纤接头也要戴上防尘帽 |

2)其他

无。

3. 施工技术措施

1)技术标准

列出本项检修主要依据的技术标准或规范。

(1)《电力安全工作规程》(Q/GDW 1799.1—2013);

(2)《国家电网公司电力安全工作规程》(电力通信部分)(试行);

(3)《十八项电网重大反事故措施》(修订版);

(4)《电力系统通信站安装工艺规范》(Q/GDW 759—2012);

(5)《通信站运行管理规定》Q/GDW1804—2012;

(6)《国家电网有限公司关于印发十八项反事故措施(修订版)的通知》国家电网设备(2018)979 号;

(7)《电力系统通信运行管理规程》DL/T544—2012;

(8)《电力系统通信站过压保护防护规程》DL/T548—2012。

2)工序工艺标准要求

列出施工工序工艺标准要求。所列出的要求应符合或优于以上列出技术标准中的内容条款。

(1)机房作业现场基本条件、电力通信电源负载能力等符合安全要求;

(2)需要接地的设备工作,按照正确的顺序装拆板卡;

(3)各类标签、标识根据设备和屏体的尺寸、大小进行统一规范制作;

(4)改造过程中网管或设备数据完整、准确;

(5)改造结束后,设备运行参数正常;

(6)施工过程中产生的杂物及时清除场外。

3)落实工序工艺标准的具体措施

针对提出的工序工艺标准要求逐条列出相对应的落实措施,不得遗漏。

(1)安装电力通信设备前，宜对机房作业现场基本条件(屏柜空间、尺寸、颜色等)电力通信电源负载能力(容量、线径、开关等)是否符合安全要求进行现场勘察。

(2)对于需要接地的设备，安装时应先接地，拆除设备时，最后再拆地线。禁止破坏接地导体。禁止在未安装接地导体时操作设备。设备应永久性的接到保护地。操作设备前，应检查设备的电气连接，确保设备已可靠接地。

(3)同一种型号设备标识应粘贴或悬挂在设备的同一位置，要求平整、美观，不能遮盖设备出厂标识。对于标识形式、材质、固定形式、颜色、字体的具体要求应根据国家电网公司发布的相关规定进一步细化，并制定相应的实施细则，以保证通信站内通信设施的标识统一性。

(4)电力通信网管检修工作开始前，应对可能受到影响的配置数据、应用数据等进行备份；电力通信网管切换试验前，应做好数据同步；检修工作结束前，若已备份的数据发生变化，应重新备份。

(5)检修结束后，现场观察设备无告警，网管无异常，光路收光功率应符合对应型号技术要求。

(6)工程结束离开时，剩余备用物品应整齐合理堆放，作废的包装箱等杂物应清除，机房内应干净、整洁。

4)验收内容及要求

针对本次检修工作提出验收的具体内容及要求。

由工作负责人王**组织开展本次检修工作的验收，验收内容包括但不限于：设备运行正常，各项设备指示、数据参数(光功率、误码)正常；缆线无损伤，接线无松动；改造所涉光路上承载业务恢复正常运行；尾缆布放以及尾纤在机柜内的绑扎要符合相应规范，尾纤在机柜外布放应有保护措施如穿波纹管等；设备安装规范、位置合理，设备面板齐全，设备标识规范齐全。

5)其他

无。

4. 施工方案

1)详细描述本次检修作业的关键步骤

关键步骤包括现场检修人员工作准备、开工流程、具体施工内容、影响通信系统恢复确认、竣工流程等内容。具体施工内容的关键步骤要表述清晰，如表6-28所示。

**表 6-28　作业内容**

| 序号 | 作业内容 |
|---|---|
| 1 | 7:30~8:30 填写通信工作票，由信通公司分管领导履行签发手续，工作许可人履行许可手续 |
| 2 | 8:30~9:30 现场工作人员核实中继站-**变电站线路运行情况，确认工作范围及危险点，预防措施 |
| 3 | 9:30~10:00，工作开工前，首先向通信调度汇报，申请开工，待批复可以开工后方可工作 |
| 4 | 10:00~11:00 中继站外置光放设备安装，安装一套临时光放设备，布放光纤，设备上电，调试 |
| 5 | 11:00~12:00 先开通一条临时光路，请停中继站-**变电站原光路，进行内置光放改为外置光放 |
| 6 | 13:00~16:00 网管设备性能监视。确认新装设备运行正常、所有影响业务恢复正常、网管无相关告警后，逐级汇报向地市通信调度、省通信调度、分部通信调度 |
| 7 | 逐级向地市通信调度、省通信调度申请完工，省通信调度核实检修顺利完成，网管无相关告警后逐级向上级通调申请完工，许可后，清理工作现场，所有人员退出，办理检修票、工作票终结手续 |

2)准备工作安排(表 6-29)

**表 6-29　工作安排**

| 序号 | 内容 | 责任人 | 备注 |
|---|---|---|---|
| 1 | 施工现场确认本次检修所需的条件都已具备 | 王** | |
| 2 | 工作负责人检查工作票或检修票并向工作许可人办理工作许可手续 | 王** | |
| 3 | 工作负责人对作业人员交代作业任务、安全措施、危险点及防范措施，工作人员应明确作业范围、进度要求等内容，并在签字栏上签字 | 王** | |
| 4 | 再次核实新设备的安装位置、是否具备双路供电和逐路割接的条件、明确检修施工的步骤，检查新设备板件是否正常，上电调试并完成数据预配置 | 王** | |
| 5 | 核对检修设备、辅材及工器具是否齐全：<br>(1)仪器仪表：标签打印机、光源、光功率计、红光笔等；<br>(2)辅材及工器具：组合工具套装、标签纸/标牌、绝缘胶带、压线钳、扎带等 | 王** | |
| 6 | 将需要用到的标签提前打印 | 王** | |
| 7 | 做好现场安全措施，执行逐级汇报制度，最终得到省信通调度员及网管许可后，方可工作 | 王** | |

3)应急方案

充分考虑本次检修对通信系统的影响，若本次检修工作因特殊情况未能按照计划实施，应制定相应的应急处置方案或回退措施，确保本次检修不会对现有通信系统造成更严重影响。

(1)检修期间若新设备出现运行异常，应首先判断故障原因并作出相应处理，若暂时无法解决，应及时回退，将原设备接线通电恢复，确保业务正常运行；待查明原因，解决故障后再重新进行检修更换。

(2)若外置光放设备与华为板卡不兼容，应提前准备备用板卡(主控板、交叉板、线路板等)，安装调试时若板卡出现故障，应立即更换为备用板卡。

(3)检修期间若发生网管业务丢失,应立即导入检修前网管备份,恢复原数据。

4)其他

无。

### 6.2.3.5　检修结束

作业结束后,观察 20min 正常后,向通信调度申请完工,经允许后,撤离现场。

## 6.2.4　通信设备带电清洗

### 6.2.4.1　检修背景

对**变电站中兴、华为传输设备进行带电清洗。

### 6.2.4.2　检修目标

设备带电清洗。

### 6.2.4.3　检修准备

现场查勘,了解情况。

### 6.2.4.4　检修三措一案

1. 施工组织措施

1)参与施工各方名称及分工

**公司:负责在**变电站对中兴、华为、数据网设备进行清洗。

2)工作总负责(协调)人及职责

工作总负责(协调)人:周**,负责各方人员协调工作。

3)工作负责人及职责

工作负责人:周**,负责清洗工作整体施工的工作报票、现场勘察、具体施工组织、组织制定技术方案和落实,安全措施制定和落实,以及现场监护。

4)施工人员及分工情况、职责

**公司工作人员:李**,负责清洗材料、安全用具、施工用具的管理、分配、保养,并在施工过程中加强现场管理。王**,负责设备清洗。周**,负责设备清洗。林**,负责设备清洗,清洗后现场清理。

5)其他事项

现场工作人员工作严格执行工作票流程,遵守电力通信现场标准化作业规范及电力通信部分安全工作规程各项要求。注意安全操作，杜绝习惯性违章，避免影响在运设备。

2. 现场工作安全措施

现场工作的主要危险源、危险点及控制措施（表 6-30）。

表 6-30 通信设备检修的危险点分析与预控措施

| 序号 | 危险点分析 | 预控措施 |
|---|---|---|
| 1 | 误操作、误接线 | a)在操作前必须详细核对设备图纸资料和设备配置信息，确保正确无误；<br>b)拆线应填用作业指导卡，拆接线前认真核对，做好记录 |
| 2 | 误碰设备，导致设备或通道中断 | a)清扫设备时，使用绝缘清扫工具；<br>b)谨慎操作，加强监护 |
| 3 | 操作不规范，损坏板件 | a)正确佩戴防静电子腕；<br>b)严禁带电插拔电源板；<br>c)勿带连接线插拔板件；<br>d)插拔单板用力适度平稳，勿强行拔插，造成插针折弯，引起短路；<br>e)更换下的电路板应放入防静电薄膜内；<br>f)关闭、重启电源操作时保持一定间隔时间 |
| 4 | 业务电路转移遗漏 | 检修作业前，应确认作业指导卡已正确执行，业务已全部转移完成 |
| 5 | 仪表损坏 | a)使用仪表时应摆放平稳，注意防潮、防尘、防有害源；<br>b)对需要接地的仪表应要接地 |
| 6 | 光接口测试，操作不当造成人身伤害、损坏器件、通信中断 | a)避免光端口直接照射眼睛；<br>b)拔 SC 接头尾纤时，用拔纤器夹住接头的塑胶端面，适度用力将接头拔出；<br>c)不同光方向应逐一进行测试恢复，勿使线路两个光方向同时断开；<br>d)用尾纤直接进行光口自环时，必要时应在收发光间加装衰减器，防止接收光功率过载 |
| 7 | 测量微波射频发信功率时，操作不当，损坏微波设备 | a)测量开始前，应先关掉微波发信机的电源，然后打开微波机射频出口，把仪表接入微波机，仪表应选用合适的功率探头，并加接适当的衰耗器；<br>b)开启微波发信机电源，从仪表上读取测量数据；<br>c)再次关掉微波发信机电源，断开仪表与微波机的连接，恢复微波发信机的原有连接；<br>d)开启微波发信机电源，观察微波设备运行正常 |
| 8 | 板件受潮，光口受污染 | a)当单板从一个温度较低、较干燥的地方拿到温度较高、较潮湿的地方时，至少需要等 30min 以后才能拆封；<br>b)未用的光口应用防尘帽套住，日常维护工作中使用的尾纤在不用时，尾纤接头也要戴上防尘帽 |
| 9 | 人身触电 | a)场区结合设备检修时，工作票上应制定防人身触电的安全措施，现场确认安全措施已到位，并使用符合电压等级的绝缘拉杆拉合结合滤波器接地刀闸；<br>b)使用兆欧表测量高频电缆绝缘电阻时，作业人员应做好防护措施，防止误碰导线裸露部分 |
| 10 | 高空坠落造成人身伤害 | a)登塔作业人员应使用合格安全带、正确佩戴安全帽；<br>b)雷雨时严禁在塔上工作 |
| 11 | 操作不当，造成天馈线损坏 | a)工作人员不得踩踏馈线，以免造成馈线折断、变形；<br>b)防止误碰天线振子造成振子损伤 |

3. 施工技术措施

1）技术标准

(1) GB2887—89《计算机站场技术条件》；

(2) YD/T754—95《通讯机房静电防护通则》；

(3) Q/TG002—1《通信设备机房环境参数测试》；

(4) Q/TG002—2《通信设备清洗场地标准》；

(5) Q/TG002—3《通信设备在线清洗控制参数及方法》；

(6) Q/TG002—4《通信设备清洗工艺及方法》；

(7) Q/TG002—5《通信设备清洗标准》。

2）工序工艺标准要求

根据设备具体情况，采取针对性的有效清洗方式：

(1) 窄分缝隙清洗法：对板缝隙在 3～5mm 以内，采用专用喷枪延伸管及气雾灌附加特制延长管深入电路板间进行双向侧面喷洗；对具有主、副备份的部分，可以采取部分脱机清洗，其余部分在线清洗。

(2) 无缝清洗法：对于设备板间无缝隙的，先逐一抽去风扇、电源模块、空位防尘挡条，经用户同意还可以抽"双备份"中的备份板，使大量模块暴露，从而利于进入电路板间进行从上、左右等多向喷洗；脱机清洗，清洗一快 恢复一快。

(3) 重垢程度清洗法：①先雾状清洗—再柱状清洗，此法适应污垢较厚时，先用雾状清洗使污垢浸润及污垢相互绝缘，再以柱状法彻底清洗；②自上而下清洗，适应污染较轻的情况；③自下而上清洗，适应中度和重度污染的情况，可以避免污物往下层堆积。

3）落实工序工艺标准的具体措施

(1) 施工前的准备；

(2) 进入施工人员先彻底清除设备周围的污染；

(3) 各施工人员布置物料、着装、工作通道、临时检修区、临时休息区等区域；

(4) 由项目主管根据清洗方案的要求，向施工人员布置工作任务；

(5) 施工人员穿戴防静电服装、鞋帽、手环等，检查并取出、随身携带的非清洗用金属类或带有金属的物品；

(6) 经用户方负责人同意，由项目主管带领全体施工人员有序进入施工现场，并共同察看清洗的设备，再次由项目主管、监护工程师、安全质量监督员进行强调讲话，小组长此时可以进行细活分配工作，提出要求；

(7) 对机房环境及设备温度、静电、湿度等参数测试，并予以记录；

(8) 施工人员现场装料、调试喷枪压力、喷射状态等；

(9)由质量监督员根据清洗方案，严格检查清洗材料名称、型号、有效期、包装完好情况，检查工具型号、调试及安全措施情况；

(10)现场清洁作业；

(11)收起并撤走作业现场的设备、仪器、工具、产品及辅助用品；

(12)清除现场赃物，用干净、湿润的抹布、拖把清洁机房办公台面和地面。

4)验收内容及要求

由工作负责人组织开展本次检修工作的验收，在清洗完成一周后，对清洗的实施情况进行验收，并填写竣工验收报告。竣工验收包括但不限于以下内容：清洗后系统运行情况、清洗洁净度等。如果在验收中发现质量问题，予以返工或做其他处理。

(1)自检。①所有因清洗临时拆卸或者打开的电路板、接口插件、面板、柜门、过滤网、散热风机等，以及插头、螺丝等必须正确复位，相应清晰、正确；②设备表面、电路板、元器件、接插件、电缆、走线槽、机器顶部、横梁上边所有表面等均内无明显污垢；③现场办公设备和机房地面干净。

(2)用户验收。①全部清洗过程安全、可靠，清洗过程对设备无干扰，无功能紊乱；②所有被清洗表面、电路板、元器件、电缆、接插件均无腐蚀，无损伤；③洗净度达到 A 级；④累积静电消除率≥98%；⑤软性故障消除＞70%；⑥坏板率降低 50%以上(参考指标，需跟踪统计半年以上)；⑦不合格项现场整改；⑧填写《清洗验收报告》用户签署意见后，双方各执一份，并作为结算依据。

4. 施工方案

1)主要作业内容(表 6-31)

表 6-31 作业内容

| 序号 | 作业内容 |
| --- | --- |
| 1 | 填写通信工作票，履行签发、许可手续 |
| 2 | 核对待清洗设备做好记录 |
| 3 | 工作开工前，首先向省通信调度汇报，申请开工，待批复可以开工后方可工作 |
| 4 | 现场核实需清洗设备，并做好记录 |
| 5 | 确认需清洗设备运行是否正常 |
| 6 | 清洗设备 |
| 7 | 清理清洗后残余杂质 |
| 8 | 设备运行检查 |
| 9 | 向省通信调度申请完工，省通信调度逐级向上级通调申请完工，许可后，清理工作现场，所有人员退出，办理检修票、工作票终结手续 |

2) 准备工作安排 (表 6-32)

表 6-32　工作安排

| 序号 | 内容 | 责任人 | 备注 |
|---|---|---|---|
| 1 | 施工现场确认本次清洗所需的条件都已具备 | 周** | |
| 2 | 工作负责人检查工作任务单、方式单、工作票或操作票并向值班员办理工作许可手续 | 周** | |
| 3 | 工作负责人对作业人员交代作业任务、安全措施、危险点及防范措施,工作人员应明确作业范围、进度要求等内容,并在签字栏上签字 | 周** | |
| 4 | 再次核实需清洗设备、明确清洗施工的步骤 | 周** | |
| 5 | 核对清洗设备、辅材及工器具是否齐全 | 周** | |
| 6 | 做好现场安全措施,执行逐级汇报制度,最终得到省信通调度员及国网网管许可后,方可工作 | 周** | |

5. 应急方案

清洗期间若设备出现运行异常,应首先判断故障原因并作出相应处理,若暂时无法解决,应及时停止清洗,将设备恢复,确保业务正常运行;待查明原因,解决故障后再重新进行设备清洗。

### 6.2.4.5　检修结束

检修结束,经调度批准完工后,清理现场,整理测试资料,撤离现场。

# 6.3　光缆检修实例分析

## 6.3.1　220kV 山**线 OPGW 光缆割接工程检修

### 6.3.1.1　检修背景

对某 500kV 变电站进行双沟道建设,土建工程已结束。工程进入 220kV 山**线 OPGW 光缆割接阶段。光缆割接时间 06 月 10 日 7:00~17:00。

### 6.3.1.2　检修目标

220kV 山**线 OPGW 光缆割接工作。

### 6.3.1.3　检修准备

1. 现场查勘

在检修准备阶段,需要核实清楚光缆承载业务情况及空余纤芯衰耗情况,如表 6-33 所示。

### 表 6-33 山\*\*线光缆段光纤测试记录

光缆段备用纤芯测试表

| 线路名称 | 山\*\*线(城\*\*变电站—鞍\*\*变电站) | | 光缆型号 | OPGW | 光缆芯数 | 24 |
|---|---|---|---|---|---|---|
| 维护单位 | \*\*公司 | 测试站点 | \*\*变电站 | 归口管理单位 | \*\*电力 | 所属线路 | 山\*\*线 |
| 测试波长 | 1310 | 脉宽 | 100ns | 折射率 | 1.4685 | 测试日期 | \*\* |
| 仪表型号 | \*\* | 仪表厂家 | \*\* | 录入人 | 高\*\* | 联系方式 | 7\*\* |

| 纤芯 | 测试长度/km | 全程总损耗/dB | 曲线是否平滑 | 纤芯状态 | 所属传输系统 | 备注 |
|---|---|---|---|---|---|---|
| 1 | / | / | / | 四级网占用 | | \*\*变电站跳纤 |
| 2 | / | / | / | 四级网占用 | | \*\*变电站跳纤 |
| 3 | / | / | / | 四级网占用 | | \*\*传输 |
| 4 | / | / | / | 四级网占用 | | \*\*传输 |
| 5 | 7.112 | 4.738 | 是 | 正常 | | |
| 6 | 7.111 | 5.214 | 是 | 正常 | | |
| 7 | / | / | / | 四级网占用 | | \*\*变电站 |
| 8 | / | / | / | 四级网占用 | | \*\*变电站 |
| 9 | / | / | / | 四级网占用 | | \*\*变电站跳纤 |
| 10 | / | / | / | 四级网占用 | | \*\*变电站跳纤 |
| 11 | / | / | / | 四级网占用 | | \*\*变电站 |
| 12 | / | / | / | 四级网占用 | | \*\*变电站 |
| 13 | / | / | / | 一级网占用 | 国网\*\*呼中兴光传输系统 | \*\*变电站跳纤 |
| 14 | / | / | / | 一级网占用 | 国网\*\*呼中兴光传输系统 | \*\*变电站跳纤 |
| 15 | / | / | / | 四级网占用 | | \*\*传输 |
| 16 | / | / | / | 四级网占用 | | \*\*传输 |
| 17 | 7.117 | 4.818 | 是 | 正常 | | |
| 18 | 7.109 | 5.815 | 是 | 正常 | | |
| 19 | / | / | / | 三级网占用 | | \*\*保护 |
| 20 | / | / | / | 三级网占用 | | \*\*保护 |
| 21 | / | / | / | 三级网占用 | | \*\*保护 |
| 22 | / | / | / | 三级网占用 | | \*\*保护 |
| 23 | 7.112 | 8.335 | 是 | 正常 | | |
| 24 | 7.109 | 4.425 | 是 | 正常 | | |
| 填表说明 | 1. 观察曲线是否平滑，中间是否有单向损耗大于 0.2dB 且双向平均损耗大于 0.1dB 的接续点，是否有反射峰等异常现象，在测量结果栏记录下测量数值，并保存曲线；<br>2. 对占用的纤芯不进行测量，结果栏用"/"记录，占用纤芯备注栏标明用途。 | | | | | |

2. 影响范围及过渡措施

概括描述本项检修影响的光路及过渡措施。

1) 光缆承载光路(表 6-34)

2) 承载业务

继电保护业务中断如表 6-35 所示。

综合数据网中断业务如表 6-36 所示。

**表 6-34　光路业务表**

| 序号 | 业务名称 | 板位 | 承载线路 | 纤芯 |
|---|---|---|---|---|
| 1 | 国网** | 鞍**板位 | 山**线 | 13/14 |
| 2 | **局 A 网传输 | 辽**变电站 | 山**线 | 3/4 |
| 3 | **数据网 | 前**变电站 G5/0/1 | 山**线 | 1/2 |
| 4 | 220kV**线第一套电流差动式继电保护 | | 山**线 | 19/20 |
| 5 | 220kV**线第一套电流差动式继电保护 | | 山**线 | 21/22 |

**表 6-35　保护业务表**

| 序号 | 继电保护业务 | 备注 |
|---|---|---|
| 1 | 220kV 山**线第一套电流差动式继电保护 | 中断 |
| 2 | 220kV 山**线第一套电流差动式继电保护 | 中断 |
| 3 | 220kV**付#2 线第二套差动式继电保护 | 中断 |
| 4 | 220kV**绣#1 线第二套差动式保护 | 瞬断 |
| 5 | 220kV**绣#2 线第二套差动式保护 | 瞬断 |
| 6 | 220kV 付**#2 线第二套差动式保护 | 瞬断 |

**表 6-36　数据网业务表**

| 序号 | 综合数据网中断业务 | 备注 |
|---|---|---|
| 1 | 城**变电站调度 IP 电话 | 中断 |
| 2 | 城**变电站视频监控 | 中断 |
| 3 | 城**变电站动力环境监控 | 中断 |
| 4 | 城**变电站 MIS 网 | 中断 |
| 5 | 前**变电站调度 IP 电话 | 中断 |

继电保护业务开环如表 6-37 所示。

**表 6-37　保护业务表**

| 序号 | 继电保护业务 | 备注 |
|---|---|---|
| 1 | 220kV 辽**线第一套允许式保护 | |
| 2 | 220kV 辽**线第一套允许式保护 | |

安全稳定业务开环如表 6-38 所示。

**表 6-38　安稳业务表**

| 序号 | 安全稳定业务 | 备注 |
|---|---|---|
| 1 | **变电站-**变电站安全稳定 B 套 | |
| 2 | **变电站-**变电站安全稳定 A 套 | |
| 3 | **安控装置 B 套 2M 通道 | |

3) 是否需要一次线路停电或跨省配合

(1) 涉及电网一次线路停电的检修, 应注明线路停电时间; 本次检修不需一次线路停电。

(2) 本次检修需要**分公司配合, 倒换保护临时通道、倒换纤芯、确认光路恢复正常运行。

3. 检修申请

在 SG-TMS (通信管理系统) 流转通信检修申请 (流程如图 6-21 所示)。

4. 工作票填报

在 SG-TMS (通信管理系统) 流转通信工作票 (流程如图 6-22 所示)。

### 6.3.1.4　检修三措一案

1. 施工组织措施

1) 参与施工各方名称及分工

网络控制室: 负责检修票开工、联系**分公司网控室倒换保护通道、确认光路恢复、检修票结束。

通信运检二班: 负责**变电站通信机房和城**变电站通信机房拆除和恢复光缆连接尾纤。

通信运检七班: 负责光缆熔接测试, 确认光缆 220kV 山**线光缆。

2) 工作总负责 (协调) 人及职责

张**, **分公司, 负责线路割接工作的协调及方案确定。

3) 工作负责人及职责

工作负责人: 通信运检二班高**, 负责办理工作票, 现场施工的安全监护, 协调、解决施工中的问题。

工作负责人: 通信运检七班沈**, 负责办理 220kV 山**线光缆割接的工作票, 现场施工的安全监护, 协调、解决施工中的问题。

4) 施工人员及分工情况、职责

网络控制室: 栾**, 负责填写通信工作票, 现场安全监护等。文**负责倒换保护通道、网络光路调整及业务恢复。

图 6-21　检修申请流程　　　　　图 6-22　通信工作票填报流程

　　通信运检二班：高\*\*，负责填写通信工作票，办理工作票开工、终结流程，现场安全监护等。刘\*\*，负责光缆尾纤倒换。

　　通信运检七班：沈\*\*，负责填写通信工作票，办理工作票开工、终结流程，现场安全监护等。祝\*\*，满负责光缆熔接。

　　5) 其他

　　无。

　　2. 现场工作安全措施

　　1) 主要危险源、危险点及控制措施 (表 6-39)

表 6-39  通信光缆检修的危险点分析及预控措施

| 序号 | 危险点分析 | 预控措施 |
|---|---|---|
| 1 | 杜绝红线违章 | 严格禁止无计划、无措施、无票作业，擅自扩大工作范围、增加工作内容或擅自改变已设置的安全措施 |
| 2 | 疫情防控 | 施工人员进入现场前测量体温，全程佩戴口罩；严禁人员聚集，保持距离；施工结束后洗手消毒 |
| 3 | 误断运行光缆、误碰运行纤芯 | 认真核对光缆编号，检查非检修范围的运行纤芯，做好隔离标记等，严格区分，并加强操作中的监护；管道或地埋施工时对邻近光缆做好保护；光缆接头盒未可靠固定前不得履行工作终结手续 |
| 4 | 误断运行设备尾纤 | 认真核对光板连接尾纤，核对检修中的光板板位，严格区分运行中光板，防止误断运行尾纤，中断业务 |
| 5 | 高空坠落 | a) 登杆塔前检查所登杆塔稳固符合登高要求，使用合格登高工具；b) 规范登杆方法，人员正确攀登；c) 高空作业应使用合格的安全带；安全带必须挂在牢固的构件上，扣好安全绳扣，并不得低挂高用；高处移动应使用后备保险绳；不得同时失去安全带和后备保险绳的保护。使用脚扣登杆前要将脚扣调整合适，并进行预冲击 |
| 6 | 带电安全距离不够，导致人身触电 | 监护人提高注意力，高处工作人员站立于杆路带电部位外侧，动作规范，与带电体保持安全距离；220kV 安全距离大于 3m |
| 7 | 杆上或缆上遗留工具 | 下杆前仔细检查不要遗留物品在塔上，杆下配合人员应及时提示 |
| 8 | 破缆时未正确使用工具，割伤手指 | 破缆时使用专用工具，正确使用开剥工具 |
| 9 | 泥土或水珠落入熔接机 | 雨天熔接应在室内或帐篷里，不熔接时应盖上熔接机护盖 |
| 10 | 未断开板卡跳纤进行测试，致使光设备损坏 | 用 OTDR 进行纤芯测试前，应确认对端纤芯没有连接任何设备和仪表后，方可进行纤芯测试操作 |
| 11 | 激光伤害 | 在使用 OTDR 和光源时，严禁尾纤连接头端面正对眼睛 |
| 12 | 抛掷物品，引起伤害 | 高空作业所使用的工具和材料应放在工具袋内或用绳索绑牢，严禁抛掷 |

2）其他

（1）凡参加本工程人员应认真学习并执行本措施的有关内容，遵守安全工作规程中有关规定；

（2）没有办理工作许可手续，不经值班人员许可，工作班成员不准进入施工现场。

3. 施工技术措施

1）技术标准

列出本项检修所涉及的技术标准。

（1）《国家电网公司电力安全工作规程（电力通信部分）》（国家电网安质〔2018〕396 号）；

（2）《国家电网有限公司十八项电网重大反事故措施》（修订版）；

（3）《电力通信现场标准化作业规范》（Q/GDW 721—2012）。

2)工序工艺标准要求

列出施工工序工艺标准要求。所列出的要求应满足以上列出技术标准中的内容条款。

(1)展放光缆过程中不损伤光缆;

(2)光缆测试不损伤通信设备,不影响正常运行业务;

(3)光缆熔接现场符合安全工作规程要求;

(4)光缆接续盒、引下光缆等标签、标识清晰明确,并固定牢固;

(5)检修结束后工作现场无杂物。

3)落实工序工艺标准的具体措施

依据具体工艺标准,逐条列出对应的控制措施,不得遗漏。

(1)展放光缆的牵引力不得超过光缆的承受标准,严禁在光缆上堆放重物;

(2)使用 OTDR 进行光缆纤芯测试时,应先断开被测纤芯对端的电力通信设备和仪表,在光纤配线单元处进行测试时,应核对准确后再进行测试,严禁误碰、误动在用纤芯;

(3)进行电力通信光缆接续工作时,工作场所周围应装设遮拦(围栏、围网)、标示牌,必要时派人看管;

(4)引下光缆必须悬挂醒目光缆标示牌,光缆接续盒应使用专用固定线夹进行固定;

(5)工程结束离开时,剩余备用物品应整齐合理堆放,作废的包装箱等杂物应清除,机房内应干净、整洁。

4)验收内容及要求

由工作负责人开展本次检修工作的验收,验收光缆接续盒固定牢固;缆线无损伤,三点接地恢复连接完好,接线无松动;设备尾纤连接正确,标识正确齐全。

由网络控制室联系**分公司确认光路、业务运行正常。

5)其他

无。

4. 施工方案

1)作业内容(表 6-40)

表 6-40　作业内容

| 序号 | 作业内容 |
| --- | --- |
| 1 | 填写通信工作票,履行签发、许可手续 |
| 2 | 现场工作人员务必核实光缆运行情况,确认工作范围及危险点、预控措施等 |

| 序号 | 作业内容 |
|---|---|
| 3 | 工作开工前，首先向省通信调度汇报，申请开工，待批复可以开工后方可工作 |
| 4 | 在光缆割接前，联系**信通将 220kV 辽**线第二套差动式保护、220kV 辽**线第二套差动式保护、220kV 付**线第二套差动式保护，倒换至临时路径运行；将**中兴临时倒换到辽**线 OPGW 光缆 19、20 芯运行 |
| 5 | 在**变电站 220kV 开关场地 220kV 山**线构架导入光缆进行断开，并与新导入光缆进行熔接 |
| 6 | 工作完成后测试纤芯损耗，并确认符合标准要求，**变电站侧将设备尾纤连接到 220kV 山**线新 ODF 架上运行，逐级确认光路通道恢复正常 |
| 7 | 在光缆割接后，联系**信通将 220kV 辽**线第二套差动式保护、220kV 辽**线第二套差动式保护、220kV 付**线第二套差动式保护，倒换原路径运行。将**中兴倒换到 220kV 山**线 OPGW 光缆 13、14 芯运行 |
| 8 | 向省通信调度申请完工，省通信调度逐级向上级通调申请完工，许可后，清理工作现场，所有人员退出，办理检修票、工作票终结手续 |

2）准备工作安排（表 6-41）

**表 6-41  工作安排**

| 序号 | 内容 | 责任人 | 备注 |
|---|---|---|---|
| 1 | 施工现场确认本次检修所需的条件都已具备 | 沈** | |
| 2 | 联系**信通分公司网管室 | 张** | |
| 3 | 工作负责人对作业人员交代作业任务、安全措施、危险点及防范措施，工作人员应明确作业范围、进度要求等内容，并在签字栏上签字 | 沈** | |
| 4 | 光源、光功率计、红光笔、OTDR、光纤熔接机等工器具准备 | 沈** | |
| 5 | 明确施工人员和联系方式，做好车辆等后勤保障 | 回** | |

3）应急方案

（1）施工过程中出现光缆异常中断时，施工单位在采取必要的光缆防护措施后立即中断所有光缆施工作业。

（2）查明光缆故障原因。若由光缆施工引起并可以恢复的，施工单位应立即采取回退措施。

（3）故障若由光缆施工引起，不能立即恢复的，施工单位用备用 ADSS 光缆临时接通，并加强光缆接头盒巡视和保护。

（4）检修期间如因特殊原因光缆未在 8h 内修复，应向本级或上级通信调度申请将光缆承载重要业务进行转移操作。

**6.3.1.5  检修结束**

检修结束，经调度批准完工后，清理现场，整理测试资料，撤离现场。

### 6.3.2　某 500kV 变电站双沟道改造工程检修

#### 6.3.2.1　检修背景

为切实提高通信保障能力，信息通信分公司(数据中心)计划 10 月 27 日 8:30 ~ 17:00，开展热新二线双沟道改造光缆切割工作。

#### 6.3.2.2　检修目标

热新二线双沟道改造。

#### 6.3.2.3　检修准备

1. 现场查勘

核实继电保护业务及其他光纤承载业务。

2. 影响范围及过渡措施

无。

3. 检修申请

在 SG-TMS(通信管理系统)流转通信检修申请(流程如图 6-23 所示)。

4. 工作票填报

在 SG-TMS(通信管理系统)流转通信工作票(流程如图 6-24 所示)。

#### 6.3.2.4　检修三措一案

1. 施工组织

1)参与施工各方名称及分工

信通公司通信运检一班：负责在 220kV\*\*变电站通信光配线柜核对 220kV 热新二线光缆所带光路影响业务、新敷设光缆成端熔接、纤芯测试及光路恢复等；负责在 220kV\*\*变电站热新二线光缆引入构架下对 220kV 热新二线光缆与沟道敷设光缆进行熔接恢复等；

信通公司通信运检二班：负责在 220kV\*\*变电站通信光配线柜核对 220kV 热新二线光缆所带光路影响业务、负责室内尾纤及 2M 线布设及设备调试工作，完成检修影响业务恢复工作；

信通公司网络控制室：负责与上级调度联系光路恢复后网管系统的监测工作。

2)工作总负责(协调)人及职责

信通分公司尹\*\*，负责各方人员协调工作。

3) 工作负责人及职责

220kV**变电站工作负责人：聂**负责 220kV**变电站整体施工的工作报票、现场勘察、具体施工组织、组织制定技术方案和落实，安全措施制定和落实，以及现场监护。

4) 工作人员及分工情况、职责

220kV**变电站工作人员：工作班成员吴**、杨**负责光缆接续。

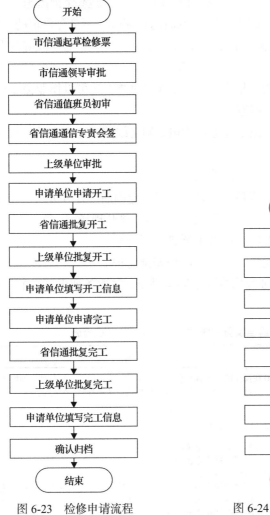

图 6-23  检修申请流程          图 6-24  通信工作票填报流程

网管侧工作人员：网络控制室负责配合现场工作人员在网管侧观察告警变化，与省信通调度进行沟通，核对网管告警信息。

5）其他事项

现场工作人员工作严格执行工作票流程，遵守电力通信现场标准化作业规范及电力通信部分安全工作规程各项要求。注意安全操作，杜绝习惯性违章，避免影响在运设备。

2. 现场工作安全措施

（1）对施工工作人员进行安全教育，使所有施工人员熟悉安全操作规程，树立"安全第一"的思想，加强操作人员的自我保护意识，熟悉保护措施。

（2）施工前对所有机械、工器具进行全面检查、测试，不符合要求的不得使用。在跨越 10kV 以上的电力线路、铁路、等级公路及一、二级通讯线等的两端直线塔附件时，必须将线带"笼套"，以防坠落。

（3）作业开始前向省通调汇报申请开始，待省通调下达可以作业命令后方可作业。严格执行标准化检修作业流程。

（4）接到停电令后，必须先用验电器验电，确定线路确已停电后，然后才可登塔进行接地等作业。

（5）作业时严格按技术方案及措施施工。

（6）现场工作组人员必须清楚工作任务、工作范围后，方可进入工作现场；必须听从工作负责人现场安排，不得擅自展开工作或离开现场。

（7）工作完成后要清理现场，检查工器具是否齐全。

（8）护人员必须实时对现场工作情况做到安全监护。

根据实际工作情况，详细列出主要危险点情况，并逐条列出对应的控制措施，如表 6-42 所示。

表 6-42　通信设备检修的危险点分析与预控措施

| 序号 | 危险点分析 | 预控措施 |
|---|---|---|
| 1 | 误操作、误接线 | a) 在操作前必须详细核对设备图纸资料和设备配置信息，确保正确无误；<br>b) 拆线应填用作业指导卡，拆接线前认真核对，做好记录 |
| 2 | 误碰设备，导致设备或通道中断 | a) 清扫设备时，使用绝缘清扫工具；<br>b) 谨慎操作，加强监护 |
| 3 | 操作不规范，损坏板件 | a) 正确佩戴防静电手腕；<br>b) 严禁带电插拔电源板；<br>c) 勿带连接线插拔板件；<br>d) 插拔单板用力适度平稳，勿强行拔插，造成插针折弯，引起短路；<br>e) 更换下的电路板应放入防静电薄膜内；<br>f) 关闭、重启电源操作时保持一定间隔时间 |
| 4 | 业务电路转移遗漏 | 检修作业前，应确认作业指导卡已正确执行，业务已全部转移完成 |
| 5 | 仪表损坏 | a) 使用仪表时应摆放平稳，注意防潮、防尘、防有害源；<br>b) 对需要接地的仪表应要接地 |

续表

| 序号 | 危险点分析 | 预控措施 |
|---|---|---|
| 6 | 光接口测试,操作不当造成人身伤害、损坏器件、通信中断 | a)避免光端口直接照射眼睛;<br>b)拔SC接头尾纤时,用拔纤器夹住接头的塑胶端面,适度用力将接头拔出;<br>c)不同光方向应逐一进行测试恢复,勿使线路两个光方向同时断开;<br>d)用尾纤直接进行光口自环时,必要时应在收发光口间加装衰减器,防止接收光功率过载 |
| 7 | 测量微波射频发信功率时,操作不当,损坏微波设备。 | a)测量开始前,应先关掉微波发信机的电源,然后打开微波机射频出口,把仪表接入微波机,仪表应选用合适的功率探头,并加接适当的衰耗器;<br>b)开启微波发信机电源,从仪表上读取测量数据;<br>c)再次关掉微波发信机电源,断开仪表与微波机的连接,恢复微波发信机的原有连接;<br>d)开启微波发信机电源,观察微波设备运行正常 |
| 8 | 板件受潮,光口受污染 | a)当单板从一个温度较低、较干燥的地方拿到温度较高、较潮湿的地方时,至少需要等30min以后才能拆封;<br>b)未用的光口应用防尘帽套住,日常维护工作中使用的尾纤在不用时,尾纤接头也要戴上防尘帽 |
| 9 | 人身触电 | a)场区结合设备检修时,工作票上应制定防人身触电的安全措施,现场确认安全措施已到位,并使用符合电压等级的绝缘拉杆拉合结合滤波器接地刀闸;<br>b)使用兆欧表测量高频电缆绝缘电阻时,作业人员应做好防护措施,防止误碰导线裸露部分 |
| 10 | 高空坠落造成人身伤害 | a)登塔作业人员应使用合格安全带、正确佩戴安全帽;<br>b)雷雨时严禁在塔上工作 |
| 11 | 操作不当,造成天馈线损坏 | a)工作人员不得踩踏馈线,以免造成馈线折断、变形;<br>b)防止误碰天线振子造成振子损伤 |

3. 施工技术措施

1)技术标准

(1)《电力系统通信站防雷运行管理规程》DL548—1994;

(2)《国家电网公司电力安全工作规程(变电部分)》;

(3)《国家电网公司电力安全工作规程(电力通信部分)(试行)》;

(4)《电力系统通信运行管理规程》DL544—1994;

(5)《通信站运行管理规定》Q/GDW1804—2012;

(6)《国家电网有限公司关于印发十八项电网重大反事故措施(修订版)的通知》国家电网设备〔2018〕979号;

(7)《电力系统通信运行管理规程》DL/T544—2012;

(8)《电力系统通信站过电压保护防护规程》DL/T548—2012。

2)工序工艺标准要求

(1)按技术规范要求进行接头盒安装;

(2)纤芯连接要松紧适度;

(3)设备告警系统是否正常；

(4)机房作业现场基本条件等符合安全要求；

(5)各类标签、标识根据设备和屏体的尺寸、大小进行统一规范制作；

(6)依据通信运行方式对现场业务命名、业务标签、接线端口及连线准确性口进行核查，确保所有业务现场标签、连接关系与方式安排一致；

(7)检修现场应符合安全工作规程要求；

(8)检修结束后工作现场无杂物。检修结束后，设备运行参数正常；

(9)施工过程中产生的杂物及时清除场外；

(10)所用机具应进行严格的检查、维修、保养工作；

(11)严格进行配线端子业务核实，避免误碰其他接线端子；

(12)检修过程中网管或设备数据完整、准确；

(13)检修结束后，设备运行参数正常。

3)落实工序工艺标准的具体措施

(1)防止静电伤害：设备操作要带防静电手镯，防止静电损坏设备；

(2)仪表损坏：采用光功率计测光功率时，严防光功率过载损坏仪表；OTDR测光缆时，光纤须与设备分离；精密测试仪表使用时外壳要接地；

(3)长距离光板不允许直接环回，防止损坏光端设备；

(4)同一种型号设备标识应粘贴或悬挂在设备的同一位置，要求平整、美观，不能遮盖设备出厂标识，对于标识形式、材质、固定形式、颜色、字体的具体要求应根据国家电网公司发布的相关规定进一步细化，并制定相应的实施细则，以保证通信站内通信设施的标识统一性；

(5)在光路调整工作开始前，应在网管对可能受到影响的配置数据、应用数据等进行备份，应做好数据同步，若已备份的数据发生变化，应重新备份；

(6)检修结束后，现场观察设备无告警，网管无异常，光路收光功率应符合对应型号技术要求；

(7)工程结束离开时，剩余备用物品应整齐合理堆放，作废的包装箱等杂物应清除，机房内应干净、整洁。

4)验收内容及要求

由工作负责人(通信运检一班聂**)组织开展本次检修工作的验收，验收内容包括但不限于：

(1)受热新二线光缆切割所影响的业务运行正常；

(2)光缆接续盒固定牢固；

(3)缆线无损伤，接线无松动；

(4)设备标识正确齐全等。

5) 其他

无。

4. 施工方案

1) 主要作业内容 (表 6-43)

表 6-43 作业内容

| 序号 | 作业内容 |
|---|---|
| 1 | 8:00～8:15 填写通信工作票，履行签发、许可手续 |
| 2 | 8:15～8:30 现场工作人员务必核实机房运行情况，确认工作范围及危险点、预控措施等 |
| 3 | 8:30～9:00 现场工作人员务必核实光缆运行情况，确认工作范围及危险点、预控措施等后，逐级确认光缆承载各级保护业务为改信号状态 |
| 4 | 9:30～10.00，现场核实设备光路及业务，并做好记录，现场预先布放好尾纤；工作开工前，首先向通信调度汇报，申请开工，待批复可以开工后方可工作 |
| 5 | 10:00～16:00，将原引入光缆断开，并与新引入光缆进行熔接 |
| 6 | 16:00～16:20，工作完成后测试纤芯损耗，并确认符合标准要求，逐级确认保护业务通道恢复正常 |
| 7 | 16:20～17:00，向通信调度申请完工，许可后，清理工作现场，所有人员退出，办理检修票、工作票终结手续 |

2) 准备工作安排 (表 6-44)

表 6-44 工作安排

| 序号 | 内容 | 责任人 | 备注 |
|---|---|---|---|
| 1 | 三措一案宣贯 | 聂** | |
| 2 | 施工工器具材料准备 | 吴** | |
| 3 | 工作负责人对作业人员交代作业任务、安全措施、危险点及防范措施，工作人员应明确作业范围、进度要求等内容，并在签字栏上签字 | 聂** | |
| 4 | 施工安全学习、应急预案学习 | 吴** | |
| 5 | 施工前工器具、服装准备 | 吴** | |
| 6 | 做好现场安全措施，执行逐级汇报制度，最终得到省信通调度员及国网网管许可后，方可工作 | 聂** | |

5. 应急方案

(1) 施工作业期间如因特殊原因光缆未在 8h 内修复，应首先判断问题原因并作出相应处理，若暂时无法解决，应及时回退，将原光缆运行方式恢复，确保业务正常运行；待查明原因，解决故障后再重新进行检修。

(2) 在施工作业中传输系统发生异常时需要将本次影响的光传输系统倒换至临时路由，在盘锦通信调度指挥下将出现意外情况无法恢复 220kV 热新二线光缆运行光路按照应急预案及时将光路更改到其他路由，保证业务正常工作。

(3) 其他。

恢复应急光路需要准备以下材料：①尾纤 20 条，长度 3～10m 不等；②光衰 5db、法兰盘各 10 个。

### 6.3.2.5　检修结束

现场检修结束，经调度批准完工后，清理现场，整理测试资料，撤离现场。

## 6.3.3　光缆故障修复原则流程及措施

### 6.3.3.1　故障修复原则

(1) 遵循先抢通，后修复；

(2) 先主网，后支线；

(3) 先本端，后对端；

(4) 分级处理的原则，当出现两个及以上故障时，应对故障影响较大的优先处理。

### 6.3.3.2　故障修复流程

(1) 判断故障大概位置；

(2) 准备抢修材料，资料等；

(3) 各抢修小组实时协调沟通；

(4) 听从通信调度的统一安排；

(5) 光缆线路的抢修，更换光缆段或接头盒；

(6) 业务恢复；

(7) 抢修后的现场处理；

(8) 线路资料及时更新确保数据保鲜。

### 6.3.3.3　故障修复措施

(1) 采用衰耗数值控制法，在光纤通道传输性能不稳定时，比如纤芯通道的衰减值在规定范围以下或以上时，可以通过增加光衰减元件或光功率放大器元件的方法，使得纤芯通道适合光信号的稳定传输。

(2) 采用备用通道法，在故障纤芯通道所在的光缆存在备用纤芯时，可以将受影响业务倒换至备用纤芯通道，操作完成后及时与值班通信调度进行沟通，以确认故障是否处理完毕。

(3) 采用迂回路径法，在故障纤芯通道所在的光缆无备用纤芯时，可以向值班通信调度人员咨询，是否存在迂回路径，将受影响业务经由其他一个或多个变电站进行业务通信，操作完成后及时与值班通信调度进行沟通，以确认故障是否处理完毕。

(4)采用主次恢复法，在故障纤芯通道所在的光缆已经多次受损，空余纤芯不够，而且又无其他迂回路径使用时，按照先恢复重要电路后次要电路的原则，可以占用次要业务通道，及时恢复重要业务光路，事后及时制订方案对故障光缆进行修复，操作完成后及时与值班通信调度进行沟通，以确认故障是否处理完毕。

(5)采用直接断缆法，在以上故障处理措施无法实施的情况下，应该及时进行现场施工，对故障光缆位置直接处理，操作完成后及时与值班通信调度进行沟通，以确认故障是否处理完毕。

## 主要参考文献

国家电网公司. 2013. 国家电网公司企业标准(Q/GDW 720—2012): 电力通信检修管理规程. 北京: 中国电力出版社.

国家电网有限公司. 2018-11-9. 国家电网有限公司十八项电网重大反事故措施. 国家电网设备〔2018〕979号.

国家电网有限公司. 2018-10-1. 国家电网公司电力安全工作规程(信息、电力通信、电力监控部分)(试行). 国家电网安质〔2018〕396号.

# 附录　相关规程规定

## 附1　《国家电网公司电力安全工作规程(电力通信部分)》摘要

**1　总则**

1.1　为加强电力通信作业现场安全管理,规范各类工作人员的行为,保证电力通信系统安全,依据国家有关法律、法规,结合电力通信作业实际,制定本规程。

1.2　本规程适用于国家电网公司系统各单位运行中的通信系统及相关场所,其他相关系统可参照执行。

1.3　从事电力通信相关工作的所有人员应严格遵守本规程。

1.4　在变(配)电站、发电厂、电力线路等场所的电力通信工作,应同时遵守《国家电网公司电力安全工作规程》的变电、配电、线路等相应部分。

1.5　信息专业和电力监控专业人员在电力通信场所从事各自专业工作,可执行本专业的安全工作规程。

1.6　任何人发现有违反本规程的情况,应立即制止,经纠正后方可恢复作业。作业人员有权拒绝违章指挥和强令冒险作业;在发现危及电力通信系统安全的紧急情况时,有权停止作业,采取紧急措施,并立即报告。

1.7　试验和推广电力通信新技术,应制定相应的安全措施,经本单位批准后执行。

1.8　各单位可根据实际情况制定本规程的实施细则,经本单位批准后执行。

**2　基本要求**

2.1　作业人员的基本条件。

2.1.1　经医师鉴定,作业人员应无妨碍工作的病症。

2.1.2　作业人员应具备必要的电力通信专业知识,掌握电力通信专业工作技能,且按工作性质,熟悉本规程的相关部分,并经考试合格。

2.1.3　作业人员对本规程应每年考试一次。因故间断电力通信工作连续六个月以上者,应重新学习本规程,并经考试合格后,方可恢复工作。

2.1.4　参与公司系统所承担通信工作的外来作业人员应熟悉本规程,经考试合格，并经电力通信运维单位(部门)认可后，方可参加工作。

2.1.5 新参加工作的人员、实习人员和临时参加工作的人员(管理人员、非全日制用工等)应经过电力通信安全知识教育后，方可参加指定的工作。

2.1.6 作业人员应被告知其作业现场和工作岗位存在的安全风险、安全注意事项、事故防范措施及紧急处理措施。

2.2 作业现场的基本条件。

2.2.1 电力通信作业现场的生产条件和安全设施等应符合有关标准、规范的要求。

2.2.2 现场使用的仪器仪表、工器具等应符合有关安全要求。

# 3 保证安全的组织措施

3.1 在电力通信系统上工作，保证安全的组织措施。

3.1.1 工作票制度。

3.1.2 工作许可制度。

3.1.3 工作终结制度。

3.2 工作票制度。

3.2.1 在电力通信系统上工作，应按下列方式进行：

3.2.1.1 填用电力通信工作票。

电力通信工作票格式见附录 A，也可使用其他名称和格式，但应包含工作负责人、工作班人员、工作场所、工作内容、计划工作时间、安全措施、工作票签发手续、工作许可手续、现场交底签名、工作票延期手续、工作终结手续等工作票主要要素。

3.2.1.2 使用其他书面记录或按口头、电话命令执行。

3.2.2 应填用电力通信工作票的工作为：

a)国家电网公司总(分)部、省电力公司、地市供电公司、县供电公司本部和县供电公司以上电力调控(分)中心电力通信站的传输设备、调度交换设备、行政交换设备、通信路由器、通信电源、会议电视 MCU、频率同步设备的检修工作。

b)国家电网公司总(分)部、省电力公司、地市供电公司、县供电公司本部和县供电公司以上电力调控(分)中心电力通信站内和出局独立电力通信光缆的检修工作。

c)电力通信站通信网管升级、主(互)备切换的检修工作。

d)变电站、发电厂等场所的通信传输设备、通信路由器、通信电源、站内通信光缆的检修工作。

e)不随一次电力线路敷(架)设的骨干通信光缆检修工作。

3.2.3 不需填用电力通信工作票的通信工作,应使用其他书面记录或按口头、电话命令执行。

3.2.3.1 书面记录指工作记录、巡视记录等。

3.2.3.2 按口头、电话命令执行的工作应留有录音或书面记录。

3.2.4 电力通信工作票的填写与签发。

3.2.4.1 电力通信工作票由工作负责人填写,也可由工作票签发人填写。

3.2.4.2 电力通信工作票应使用统一的票面格式,采用计算机生成、打印或手工方式填写,至少一式两份。采用手工填写时,应使用黑色或蓝色的钢(水)笔或圆珠笔填写与签发。工作票编号应连续。

3.2.4.3 电力通信工作票由工作票签发人审核,电子或手工签名后方可执行。

3.2.4.4 使用电力通信工作票时,一份应保存在工作地点,由工作负责人收执,另一份由工作许可人收执。

3.2.4.5 一张电力通信工作票中,工作许可人与工作负责人不得互相兼任。

3.2.4.6 电力通信工作票由电力通信运维单位(部门)签发,也可由经电力通信运维单位(部门)审核批准的检修单位签发。

3.2.5 电力通信工作票的使用。

3.2.5.1 一个工作负责人不能同时执行多张电力通信工作票。

3.2.5.2 在变(配)电站、发电厂、电力线路之外的其他场所开展电力通信工作时,在安全措施可靠、不会误碰其他运行设备和线路的情况下,经工作票签发人同意可以单人工作。

3.2.5.3 需要变更工作班成员时,应经工作负责人同意,在对新的作业人员履行安全交底手续后,方可参与工作。工作负责人一般不得变更,如确需变更的,应由原工作票签发人同意并通知工作许可人。原工作负责人、现工作负责人应对工作任务和安全措施进行交接,并告知全体工作班成员。人员变动情况应记录在电力通信工作票备注栏中。

3.2.5.4 在电力通信工作票的安全措施范围内增加工作任务时,在确定不影响系统运行方式和业务运行的情况下,应由工作负责人征得工作票签发人和工作许可人同意,并在电力通信工作票上增加工作任务。若需变更或增设安全措施者,应办理新的电力通信工作票。

3.2.5.5 电力通信工作票有污损不能继续使用时,应办理新的电力通信工作票。

3.2.5.6 在应填用电力通信工作票的范围内进行通信故障紧急抢修时,填用电力通信工作票,电力通信工作票可不经书面签发,但应经工作票签发人同意,并在工作票备注栏中记录。

3.2.5.7 已执行的电力通信工作票至少应保存一年。

3.2.6 电力通信工作票的有效期与延期。

3.2.6.1 电力通信工作票的有效期，以批准的检修时间为限。

3.2.6.2 办理电力通信工作票延期手续，应在电力通信工作票的有效期内，由工作负责人向工作许可人提出申请，得到同意后给予办理。

3.2.7 电力通信工作票所列人员的基本条件。

3.2.7.1 工作票签发人应由熟悉作业人员技术水平、熟悉相关电力通信系统情况、熟悉本规程，并具有相关工作经验的领导人员、技术人员或经电力通信运维单位批准的人员担任，名单应公布。检修单位的工作票签发人名单应事先送有关电力通信运维单位备案。

3.2.7.2 工作负责人应由有本专业工作经验，熟悉工作范围内电力通信系统情况、熟悉本规程、熟悉工作班成员工作能力，并经电力通信运维部门批准的人员担任，名单应公布。检修单位的工作负责人名单应事先送有关电力通信运维部门备案。

3.2.7.3 工作许可人应由有一定工作经验、熟悉工作范围内电力通信系统情况、熟悉本规程，并经电力通信运维部门批准的人员担任，名单应公布。

3.2.8 电力通信工作票所列人员的安全责任。

3.2.8.1 工作票签发人：

a)确认工作必要性和安全性。

b)确认电力通信工作票上所填安全措施是否正确完备。

c)确认所派工作负责人和工作班人员是否适当、充足。

3.2.8.2 工作负责人：

a)正确组织工作。

b)检查电力通信工作票所列安全措施是否正确完备，是否符合现场实际条件，必要时予以补充完善。

c)工作前，对工作班成员进行工作任务、安全措施和风险点告知，并确认每个工作班成员都已清楚并签名。

d)组织执行电力通信工作票所列由其负责的安全措施。

e)监督工作班成员遵守本规程，执行现场安全措施，正确使用工器具、仪器仪表等。

f)关注工作班成员身体状况和精神状态是否正常，人员变动是否合适。

g)在作业人员可能误停其他设备或误断其他业务的工作环节，应执行监护工作。

3.2.8.3 工作许可人：

a)负责审查电力通信工作票所列安全措施是否正确、完备，确认工作具备条件。对电力通信工作票所列内容产生疑问时，应向工作票签发人询问清楚，必要时予以补充。

b)确认工作票所列的安全措施已实施。

3.2.8.4　工作班成员：

a)熟悉工作内容、工作流程，清楚工作中的风险点和安全措施，并在电力通信工作票上签名确认。

b)服从工作负责人的指挥，严格遵守本规程和劳动纪律，在确定的作业范围内工作，对自己在工作中的行为负责，互相关心工作安全。

c)正确使用工器具、仪器仪表等。

3.3　工作许可制度。

3.3.1　工作许可人应在电力通信工作票所列的安全措施全部完成后，方可发出许可工作的命令。

3.3.2　检修工作需其他调度机构或运行单位配合布置安全措施时，工作许可人应向该调度机构或运行单位的值班人员确认相关安全措施已完成后，方可许可工作。

3.3.3　许可开始工作的命令应通知工作负责人。其方法可采用：

3.3.3.1　当面许可。工作许可人和工作负责人应在电力通信工作票上记录许可时间，并分别签名。

3.3.3.2　电话许可。工作许可人和工作负责人应分别在电力通信工作票上记录许可时间和双方姓名，复诵核对无误。采取电话许可的工作票，工作所需安全措施可由工作人员自行布置，安全措施布置完成后应汇报工作许可人。

3.3.4　填用电力通信工作票的工作，工作负责人应得到工作许可人的许可，并确认电力通信工作票所列的安全措施全部完成后，方可开始工作。许可手续（工作许可人姓名、许可方式、许可时间等）应记录在电力通信工作票上。

3.3.5　禁止约时开始或终结工作。

3.4　工作终结制度。

3.4.1　工作结束。全部工作完毕后，工作人员应删除工作过程中产生的临时数据、临时账号等内容，确认电力通信系统运行正常，清扫、整理现场，全体工作人员撤离工作地点。

3.4.2　电力通信工作票终结。工作结束后，工作负责人应向工作许可人交代工作内容、发现的问题和存在问题等。并与工作许可人进行运行方式检查、状态确认和功能检查，各项检查均正常方可办理工作终结手续。

3.4.3　工作终结报告应按以下方式进行。

3.4.3.1　当面报告。工作许可人和工作负责人应在电力通信工作票上记录终结时间，并分别签名。

3.4.3.2 电话报告。工作许可人和工作负责人应分别记录终结时间和双方姓名，并复诵核对无误。

3.4.4 需其他调度机构或运行单位配合布置安全措施的工作，工作许可人应与配合检修的调度机构或运行单位值班人员确认后，方可办理电力通信工作票终结。

## 4　保证安全的技术措施

4.1 在电力通信系统上工作，保证安全的技术措施。

4.1.1 授权。

4.1.2 验证。

4.2 授权。

4.2.1 工作前，应对网管系统操作人员进行身份鉴别和授权。

4.2.2 授权应基于权限最小化和权限分离的原则。

4.3 验证。

4.3.1 检修前，应确认与检修对象相关系统运行正常。

4.3.2 检修前，应确认与检修对象具有主备(冗余)关系的另一系统、通道、电源、板卡等运行正常。

4.3.3 检修前，应确认需转移的业务已完成转移。与检修对象关联的检修工作已完成。

4.3.4 检修前，应确认需停用的业务已经过相关业务部门的同意。

4.3.5 检修前，应确认电力通信网运行中无其他影响本次检修的异常情况。

## 5　电力通信系统运行

5.1 巡视时不得改变电力通信系统或机房动力环境设备的运行状态。发现异常问题，应及时报告电力通信运维单位(部门)；非紧急情况的异常问题处理，应获得电力通信运维单位(部门)批准。

5.2 巡视时未经批准，不得更改、清除电力通信系统或机房动力环境告警信息。

5.3 电力通信网管巡视时应采用具有网管维护员级别的账号登录，不应采用系统管理员级别或系业务配置人员级别的账号登录。

5.4 巡视机房时应随手关门。

## 6　在电力通信设备上工作

6.1 安装电力通信设备前，宜对机房作业现场基本条件、电力通信电源负载能力等是否符合安全要求进行现场勘察。

6.2 设备通电前，应验证供电线缆极性和输入电压。

6.3 拔插设备板卡时，应做好防静电措施；存放设备板卡宜采用防静电屏蔽袋、防静电吸塑盒等防静电包装。

6.4 电力通信设备除尘应使用合格的工器具和材料。

6.5 在对使用光放大器的光传送段进行检修前，应关闭放大器发光。

6.6 在断开微波、卫星、无线专网等无线设备的天线与馈线的连接前，应关闭发射单元。

6.7 在更换存储有运行数据的板件时，应先备份运行数据。

6.8 业务通道投退时，应及时更新业务标识标签和相关资料。

6.9 使用尾纤自环光口，发光功率过大时，应串入合适的衰耗(减)器。

6.10 应急电力通信车调试、使用前应良好接地，并确认车辆底盘固定良好。

6.11 测量电力通信信号，应在仪表量程范围内进行。

## 7　在电力通信线路上工作

7.1 敷设电力通信光缆前，宜对光缆路由走向、敷设位置、接续点环境、配套金具等是否符合安全要求进行现场勘察。

7.2 展放光缆的牵引力不得超过光缆的承受标准。

7.3 在竖井、桥架、沟道、管道、隧道内敷设光缆时，应有防止光缆损伤的防护措施。

7.4 光缆接续前，应核对两端纤序。

7.5 严禁踩踏光缆接头盒、余缆及余缆架；严禁在光缆上堆放重物。

7.6 使用光时域反射仪(OTDR)进行光缆纤芯测试时，应先断开被测纤芯对端的电力通信设备和仪表。

7.7 普通架空光缆吊线应良好接地。

7.8 进行电力通信光缆接续工作时，工作场所周围应装设遮挡(围栏、围网)、标示牌，必要时派人看管。因工作需要必须短时移动或拆除遮挡(围栏、围网)、标示牌时，应征得工作负责人同意，完毕后应立即恢复。

## 8　在电力通信网管上工作

8.1 电力通信网管的账号、权限应按需分配，不得使用开发或测试环境设置的账号。

8.2 电力通信网管检修工作开始前，应对可能受到影响的配置数据、应用数据等进行备份。

8.3 电力通信网管切换试验前，应做好数据同步。

8.4 检修过程中发生数据异常或丢失，应进行恢复操作，并确认恢复操作后电力通信网管系统运行正常。

8.5 检修工作结束前，若已备份的数据发生变化，应重新备份。

8.6 电力通信网管维护工作不得通过互联网等公共网络实施。禁止从任何公共网络直接接入电力通信网管系统。

8.7 电力通信网管系统退出运行后所有业务数据应妥善保存或销毁。

8.8 电力通信网管的数据备份应使用专用的外接存储设备。

## 9　在电力通信电源上工作

9.1　一般规定。

9.1.1 新增负载前，应核查电源负载能力，并确保各级开关容量匹配。

9.1.2 拆接负载电缆前，应断开电源的输出开关。

9.1.3 直流电缆接线前，应校验线缆两端极性。

9.1.4 裸露电缆线头应做绝缘处理。

9.2　高频开关电源和不间断电源上工作。

9.2.1 电源设备断电检修前，应确认负载已转移或关闭。

9.2.2 双路交流输入切换试验前，应验证两路交流输入、蓄电池组和连接蓄电池组的直流接触器正常工作，并做好试验过程监视。

9.2.3 配置旁路检修开关的不间断电源设备检修时，应严格执行停机及断电顺序。

9.2.4 未经批准不得修改运行中电源设备运行参数。

9.3　蓄电池上工作。

9.3.1 直流开关或熔断器未断开前，不得断开蓄电池之间的连接。

9.3.2 安装或拆除蓄电池连接铜排或线缆时，应使用经绝缘处理的工器具，严禁将蓄电池正负极短接。

9.3.3 蓄电池组接入电源时，应检查电池极性，并确认蓄电池组电压与整流器输出电压匹配。

# 附2　《国家电网公司十八项电网重大反事故措施》摘要

## 16　防止电力通信网事故

### 16.3　防止电力通信网事故

为防止电力通信网事故，应贯彻落实《继电保护和安全自动装置技术规程》（GB/T14285—2006）、《光纤通道传输保护信息通用技术条件》（DL/T364—2010）、《电力通信运行管理规程》（DL/T544—2012）、《电力系统光纤通信运行管理规程》

（DL/T547—2010）、《电力系统通信站过电压防护规程》（DL/T548—2012）、《电力系统通信设计技术规定》（DL/T5391—2007）、《电力通信现场标准化作业规范》（Q/GDW721—2012）、《电力系统通信光缆安装工艺规范》（Q/GDW758—2012）、《电力系统通信站安装工艺规范》（Q/GDW759—2012）、《电力通信网规划设计技术导则》（Q/GDW11358—2014）、《通信专用电源技术要求、工程验收及运行维护规程》（Q/GDW11442—2015）、《国家电网公司通信检修管理办法》（国网（信息/3）490—2017）、《国家电网公司电视电话会议管理办法》（国网（办/3）206—2014）等有关要求，并提出以下重点要求：

**16.3.1 设计阶段**

16.3.1.1 电力通信网的网络规划、设计和改造计划应与电网发展相适应，并保持适度超前，突出本质安全要求，统筹业务布局和运行方式优化，充分满足各类业务应用需求，避免生产控制类业务过度集中承载，强化通信网薄弱环节的改造力度，力求网络结构合理、运行灵活、坚强可靠和协调发展。

16.3.1.2 通信设备选型应与现有网络使用的设备类型一致，保持网络完整性。承载110kV及以上电压等级输电线路生产控制类业务的光传输设备应支持双电源供电，核心板卡应满足冗余配置要求。220kV及以上新建输变电工程应同步设计、建设线路本体光缆。

16.3.1.3 电网新建、改（扩）建等工程需对原有通信系统的网络结构、安装位置、设备配置、技术参数进行改变时，工程建设单位应委托设计单位对通信系统进行设计，并征求通信部门的意见，必要时应根据实际情况制订通信系统过渡方案。

16.3.1.4 县公司本部、县级及以上调度大楼、地（市）级及以上电网生产运行单位、220kV及以上电压等级变电站、省级及以上调度管辖范围内的发电厂（含重要新能源厂站）、通信枢纽站应具备两条及以上完全独立的光缆敷设沟道（竖井）。同一方向的多条光缆或同一传输系统不同方向的多条光缆应避免同路由敷设进入通信机房和主控室。

16.3.1.5 国家电网有限公司数据中心、省级及以上调度大楼、部署公司95598呼叫平台的直属单位机房应具备三条及以上全程不同路由的出局光缆接入骨干通信网。省级备用调度、地（市）级调度大楼应具备两条及以上全程不同路由的出局光缆接入骨干通信网。

16.3.1.6 通信光缆或电缆应避免与一次动力电缆同沟（架）布放，并完善防火阻燃和阻火分隔等各项安全措施，绑扎醒目的识别标识；如不具备条件，应采取电缆沟（竖井）内部分隔离等措施进行有效隔离。新建通信站应在设计时与全站电缆沟（架）统一规划，满足以上要求。

16.3.1.7 电网调度机构与直调发电厂及重要变电站调度自动化实时业务信息

的传输应具有两条不同路由的通信通道(主/备双通道)。

16.3.1.8 同一条 220kV 及以上电压等级线路的两套继电保护通道、同一系统的有主/备关系的两套安全自动装置通道应采用两条完全独立的路由。均采用复用通道的,应由两套独立的通信传输设备分别提供,且传输设备均应由两套电源(含一体化电源)供电,满足"双路由、双设备、双电源"的要求。

16.3.1.9 双重化配置的继电保护光电转换接口装置的直流电源应取自不同的电源。单电源供电的继电保护接口装置和为其提供通道的单电源供电通信设备,如外置光放大器、脉冲编码调制设备(PCM)、载波设备等,应由同一套电源供电。

16.3.1.10 在双电源配置的站点,具备双电源接入功能的通信设备应由两套电源独立供电。禁止两套电源负载侧形成并联。

16.3.1.11 县级及以上调度大楼、地(市)级及以上电网生产运行单位、330kV 及以上电压等级变电站、特高压通信中继站应配备两套独立的通信专用电源(即高频开关电源,以下简称通信电源)。每套通信电源应有两路分别取自不同母线的交流输入,并具备自动切换功能。

16.3.1.12 通信电源的模块配置、整流容量及蓄电池容量应符合《通信专用电源技术要求、工程验收及运行维护规程》(Q/GDW11442—2015)要求。通信电源直流母线负载熔断器及蓄电池组熔断器额定电流值应大于其最大负载电流。

16.3.1.13 通信电源每个整流模块交流输入侧应加装独立空气开关;采用一体化电源供电的通信站点,在每个 DC/DC 转换模块直流输入侧应加装独立空气开关。

16.3.1.14 县级及以上调度大楼、省级及以上电网生产运行单位、330kV 及以上电压等级变电站、省级及以上通信网独立中继站的通信机房,应配备不少于两套具备独立控制和来电自启功能的专用的机房空调,在空调"N–1"情况下机房温度、湿度应满足设备运行要求,且空调电源不应取自同一路交流母线。空调送风口不应处于机柜正上方。

16.3.1.15 通信机房、通信设备(含电源设备)的防雷和过电压防护能力应满足电力系统通信站防雷和过电压防护相关标准、规定的要求。

16.3.1.16 跨越高速铁路、高速公路和重要输电通道("三跨")的架空输电线路区段光缆不应使用全介质自承式光缆(ADSS),宜选用全铝包钢结构的光纤复合架空地线(OPGW)。

16.3.2 建设阶段

16.3.2.1 电网一次系统配套通信项目,应随电网一次系统建设同步设计、同步实施、同步投运,以满足电网发展的需要。

16.3.2.2 在通信设备的安装、调试、入网试验等各个环节,应严格执行电力系统通信运行管理和工程建设、验收等方面的标准、规定。

16.3.2.3　应以保证工程质量和通信系统安全稳定运行为前提，合理安排通信新建、改(扩)建工程工期，严把质量关。不得为赶工期减少调试项目，降低调试质量。

16.3.2.4　用于传输继电保护和安全自动装置业务的通信通道在投运前应进行测试验收，其传输时延、误码率、倒换时间等技术指标应满足《继电保护和安全自动装置技术规程》(GB/T14285—2006)和《光纤通道传输保护信息通用技术条件》(DL/T364—2010)的要求。传输线路电流差动保护的通信通道应满足收、发路径和时延相同的要求。

16.3.2.5　通信电源系统投运前应进行蓄电池组全核对性放电试验、双交流输入切换试验及电源系统告警信号的校核。通信设备投运前应进行双电源倒换测试。

16.3.2.6　安装调试人员应严格按照通信业务方式单的内容进行设备配置和接线。通信运行人员应在业务开通前与现场工作人员核对通信业务方式单的相关内容，确保业务图实相符。

16.3.2.7　OPGW 应在进站门型架顶端、最下端固定点(余缆前)和光缆末端分别通过匹配的专用接地线可靠接地，其余部分应与构架绝缘。采用分段绝缘方式架设的输电线路 OPGW，绝缘段接续塔引下的 OPGW 与构架之间的最小绝缘距离应满足安全运行要求，接地点应与构架可靠连接。OPGW、ADSS 等光缆在进站门型架处应悬挂醒目光缆标识牌。

16.3.2.8　应防止引入光缆封堵不严或接续盒安装不正确，造成光缆保护管内或接续盒内进水结冰，导致光纤受力引起断纤故障的发生。引入光缆应使用防火阻燃光缆，并在沟道内全程穿防护子管或使用防火槽盒。引入光缆从门型架至电缆沟地埋部分应全程穿热镀锌钢管，钢管应全程密闭并与站内接地网可靠连接，钢管埋设路径上应设置地埋光缆标识或标牌，钢管地面部分应与构架固定。

16.3.2.9　直埋光缆(通信电缆)在地面应设置清晰醒目的标识。承载继电保护、安全自动装置业务的专用通信线缆、配线端口等应采用醒目颜色的标识。

16.3.2.10　通信设备应采用独立的空气开关、断路器或直流熔断器供电，禁止并接使用。各级开关、断路器或熔断器保护范围应逐级配合,下级不应大于其对应的上级开关、断路器或熔断器的额定容量，避免出现越级跳闸，导致故障范围扩大。

16.3.2.11　通信机房应满足密闭防尘和温度、湿度要求，窗户具备遮阳功能，防止阳光直射机柜和设备。

16.3.3　运行阶段

16.3.3.1　各级通信调度负责监视及控制所辖范围内通信网的运行情况，指挥、协调通信网故障处理。通信调度员必须具有较强的判断、分析、沟通、协调和管理能力，熟悉所辖通信网络状况和业务运行方式，上岗前应进行培训和考试。

16.3.3.2 通信站内主要设备及机房动力环境的告警信息应上传至 24h 有人值班的场所。通信电源系统及一体化电源–48V 通信部分的状态及告警信息应纳入实时监控，满足通信运行要求。

16.3.3.3 通信蓄电池组核对性放电试验周期不得超过两年，运行年限超过四年的蓄电池组，应每年进行一次核对性放电试验。

16.3.3.4 为保障蓄电池使用寿命和运行可靠性，蓄电池单体浮充电压应严格按照电源运行规程设定，避免造成蓄电池欠充或过充。

16.3.3.5 通信站电源新增负载时，应及时核算电源及蓄电池组容量，如不满足安全运行要求，应对电源实施改造或调整负载。每年春(秋)检期间要对电源系统进行负荷校验。

16.3.3.6 连接两套通信电源系统的直流母联开关应采用手动切换方式。通信电源系统正常运行时，禁止闭合母联开关。

16.3.3.7 通信检修工作应严格遵守电力通信检修管理规定相关要求，对通信检修申请票的业务影响范围、采取的措施等内容应严格进行审查核对，对影响一次电网生产业务的检修工作应按一次电网检修管理办法办理相关手续。严格按通信检修申请票工作内容开展工作，严禁超范围、超时间检修。

16.3.3.8 通信运行部门应与电网一次线路建设、运行维护及市政施工部门建立沟通协调机制，避免因电网建设、检修或市政施工对光缆运行造成影响。

16.3.3.9 通信运行部门应与电网调度、检修部门建立工作联系机制。因电网检修工作影响通信光缆或通信设备正常运行时，电网检修部门应按通信检修工作时限要求提前通知通信运行部门，纳入通信检修管理；因电网检修对通信设施造成运行风险时，电网检修部门应至少提前 10 个工作日通知通信运行部门，通信运行部门按照通信运行风险预警管理规范要求下达风险预警单，相关部门严格落实风险防范措施。如电网检修影响上级通信电路，必须报上级通信调度审批后，方可批准办理开工手续。防止人为原因造成通信光缆或设备非计划停运。

16.3.3.10 同时办理电网和通信检修申请的工作，检修施工单位应在得到电网调度和通信调度"双许可"后，方可开展检修工作。

16.3.3.11 线路运行维护部门应结合线路巡检每半年对 OPGW 光缆进行专项检查，并将检查结果报通信运行部门。通信运行部门应每半年对 ADSS 和普通光缆进行专项检查，重点检查站内及线路光缆的外观、接续盒固定线夹、接续盒密封垫等，并对光缆备用纤芯的衰耗进行测试对比。

16.3.3.12 每年雷雨季节前应对接地系统进行检查和维护。检查连接处是否紧固、接触是否良好、接地引下线有无锈蚀、接地体附近地面有无异常，必要时应开挖地面抽查地下隐蔽部分锈蚀情况。独立通信站、综合大楼接地网的接地电阻应每年进行一次测量，变电站通信接地网应列入变电站接地网测量内容和周期。

微波塔上除架设本站必需的通信装置外，不得架设或搭挂可构成雷击威胁的其他装置，如电缆、电线、电视天线等。

16.3.3.13 严格落实公司一、二类电视电话会议系统"一主两备"的技术措施，制订切实可行的应急预案，开展应急操作演练，提高值机人员应对突发事件的保障能力，确保会议质量。

16.3.3.14 加强通信网管系统运行管理，落实数据备份、病毒防范和网络安全防护工作，定期开展网络安全等级保护定级备案和测评工作，及时整改测评中发现的安全隐患。

16.3.3.15 应定期开展机房和设备除尘工作。每季度应对通信设备的滤网、防尘罩等进行清洗。

16.3.3.16 在通信设备检修或故障处理中，应严格按照通信设备和仪表使用手册进行操作，避免误操作或对通信设备及人员造成损伤。在采用光时域反射仪测试光纤时，必须提前断开对端通信设备；在插拔拉曼放大器尾纤时，应先关闭泵浦激光器。

16.3.3.17 调度交换系统运行数据应每月进行备份，当系统数据变动时，应及时备份。调度录音系统应每周进行检查，确保运行可靠、录音效果良好、录音数据准确无误、存储容量充足。调度录音系统服务器应保持时间同步。

16.3.3.18 因通信设备故障、施工改造或电路优化等原因，需要对原有通信业务运行方式进行调整时，如在48h之内不能恢复原运行方式，必须编制和下达新的通信业务方式单。

16.3.3.19 落实通信专业在电网大面积停电及突发事件发生时的组织机构和技术保障措施。完善各类通信设备和系统的现场处置方案和应急预案。定期开展反事故演习，检验应急预案的有效性，提高通信网预防和应对突发事件的能力。

16.3.3.20 架设有通信光缆的一次线路计划退运前，应通知相关通信运行管理部门，并根据业务需要制订改造调整方案，确保通信系统可靠运行。

# 附3　电力通信检修管理规程

## 1　范围

本标准规定了电力通信检修管理工作的计划、申请、审批及实施的程序和要求。

本标准适用于国家电网公司(以下简称公司)系统各单位，及并入公司电力通信网运行的各类企业和用户。

## 2　规范性引用文件

下列文件对于本文件的应用是必不可少的。凡是注日期的引用文件，仅注日期的版本适用于本文件。凡是不注日期的引用文件，其最新版本（包括所有的修改单）适用于本文件。

DL/T408 电业安全工作规程（发电厂和变电所电气部分）、（电力线路部分）

DL/T544 电力系统通信运行管理规程

DL/T1040—2007 电网运行准则

国家电网安监〔2009〕664 号国家电网公司电力安全工作规程（变电部分）、（线路部分）国家电网生〔2004〕503 号国家电网公司现场标准化作业指导书编制原则（试行）

国家电网安监〔2011〕2024 号国家电网公司安全事故调查规程

## 3　术语和定义

DL/T408、DL/T544、DL/T1040—2007 号文界定的以及下列术语和定义适用于本文件。

3.1 电网通信业务（communication service of power grid）

为电网调度、生产运行和经营管理提供数据、语音、图像等服务的通信业务。

3.2 电网调度通信业务（communication service of power grid dispatching）

电网通信业务中为电网调度继电保护及安全自动装置、自动化系统和指挥提供数据、语音、图像等服务的通信业务。

3.3 电力通信设施（communication installations of power system）

承载电网通信业务的通信设备和通信线路，简称为通信设施。主要包括但不限于：传输设备、交换设备、接入设备、数据网络设备、电视电话会议设备、机动应急通信设备、时钟同步设备、通信电源设备、通信网管设备、通信光缆电缆和配线架等。

3.4 计划检修（scheduled maintenance）

为检查、试验、维护、检修电力通信设施，电力通信机构根据国家及行业有关标准，参照设施技术参数、运行经验及供应商的建议，列入计划安排的检修。

3.5 临时检修（non-scheduled maintenance）

计划检修以外需适时安排的检修工作。

3.6 紧急检修（emergency maintenance）

计划检修以外需立即处理的检修工作。

3.7 通信检修申请票（communication maintenance application sheet）

计划检修和临时检修的工作申请、审批单。

3.8 通信检修通知单(communication maintenance notification sheet)

指上级单位委托下级单位发起检修申请或进行检修配合的工作通知单。

3.9 大型检修作业(complex maintenance operation)

通信检修作业中，作业过程复杂，关键环节多，对通信网络影响范围大且安全风险高的作业。

3.10 线路运维单位(operation and maintenance department for line)

对所辖光缆、电缆等通信线路承担运行维护职责的单位。

## 4　总则

4.1 通信检修的目的是确保通信设施安全稳定运行，满足各级电网通信业务质量要求。

4.2 各级通信机构是所辖范围内通信检修归口管理单位。

4.3 各级通信调度是其管辖范围内电力通信网通信检修工作的指挥协调机构。

4.4 公司系统各单位可依据本标准，结合本单位电网检修管理有关规定，制定相应的实施细则。

## 5　原则

5.1 通信检修实行统一管理、分级调度、逐级审批、规范操作的原则，实施闭环管理。

5.2 未经批准，任何单位和个人不得对运行中的通信设施(含光、电缆线路)进行操作。

5.3 通信检修划分为计划检修、临时检修、紧急检修。计划检修应按编制的年度、月度检修计划执行。计划检修、临时检修应提前办理检修申请。紧急检修可先向有关通信调度口头申请，后补相关手续。

5.4 对运行中的通信设施及电网通信业务开展以下检修工作，应履行通信检修申请程序：

a)影响电网通信业务正常运行、改变通信设施的运行状态或引起通信设备故障告警的检修工作；

b)电网一次系统影响光缆和载波等通信设施正常运行的检修、基建和技改等工作。

5.5 各级通信机构应加强通信检修工作管理，制定通信检修计划，做好组织、技术和安全措施，严格按照发起、申请、审批、开工、施工、竣工流程进行。

5.6 通信检修应按电网检修工作标准进行管理。涉及电网的通信检修应纳入电网检修统一管理；涉及通信设施的电网基建、技改、检修等工作应经通信机构会签，并启动通信检修流程。通信机构与调度机构应对检修工作开展协调会商，并制定相应的安全协调机制和管理规定。

5.7　通信检修工作应遵守生产区域现场管理相关规定的各项要求。

5.8　紧急检修应遵循先抢通，后修复；先电网调度通信业务，后其他业务；先上级业务，后下级业务的原则。

## 6　职责与分工

6.1　公司系统各单位，并网企业和用户应在通信检修管理工作中承担各自的管理职责。

6.1.1　国网信息通信部（以下简称国网信通部）承担以下职责：

a) 制定公司系统通信检修管理工作标准、规程；

b) 审批涉及公司总部电网通信业务的通信检修计划；

c) 审批涉及管辖范围内电网调度通信业务以及重大的通信检修申请；

d) 监督、协调和考核公司系统通信检修管理工作。

6.1.2　各级电力调度控制中心承担以下职责：

a) 会签涉及调度控制管辖范围内电网调度通信业务的通信检修申请；

b) 将涉及通信设施的电网检修申请单提交本级通信机构会签；

c) 定期召开通信机构参加的电网检修计划、协调会；

d) 对通信检修工作进行监督。

6.1.3　国网信息通信有限公司（以下简称国信通）承担以下职责：

a) 制定、审核及上报涉及公司总部电网通信业务的通信检修计划；

b) 受理、审核、上报管辖范围内涉及电网调度通信业务以及其他重大通信检修申请；

c) 审批管辖范围内不涉及电网调度通信业务的通信检修申请；

d) 指挥、监督、协调、指导或实施管辖范围内通信检修工作；

e) 协助国网信通部开展公司系统通信检修统计、分析、评价及考核工作。

6.1.4　分部、省公司、地（市）公司通信机构承担以下职责：

a) 制定、审批管辖范围内通信检修计划；

b) 审核、上报涉及上级电网通信业务的通信检修计划和申请；

c) 受理、审批管辖范围内不涉及上级电网通信业务的通信检修申请；

d) 指挥、监督、协调、指导或实施管辖范围内通信检修工作；

e) 协助上级开展管辖范围内通信检修统计、分析、评价及考核工作；

f) 对涉及电网通信业务的电网检修计划和申请进行通信专业会签；

g) 协助、配合线路运维单位开展涉及通信设施的检修工作。

6.1.5 各级线路运维单位承担以下职责：

a)制定、上报涉及光缆、电缆线路的通信检修计划和申请；

b)实施、监督光缆、电缆线路通信检修工作；

c)协助、配合通信机构开展通信检修工作。

6.1.6 并网企业和用户承担以下职责：

a)制定、上报涉及电网通信业务的通信检修计划和申请；

b)实施运行维护范围内通信检修工作；

c)协助、配合通信机构开展通信检修工作。

6.2 通信检修工作中发起、申请、审批、施工、配合等单位应根据不同的分工，承担各自工作。

6.2.1 检修发起单位负责通信检修的组织策划。

6.2.2 检修申请单位负责提交通信检修申请票。

6.2.3 检修审批单位负责对通信检修申请票的逐级受理、审核、审批。

6.2.4 检修施工单位负责通信检修的开工、施工、竣工。

6.2.5 检修配合单位负责根据通信检修申请票和通信检修通知单的要求配合进行通信检修。

## 7 计划

7.1 各级通信机构应根据所辖范围内通信设备运行状况，结合通信专业特点，通信设施的状态评价、风险评估，以及电网检修计划，制定通信检修计划。

7.2 各级通信机构应制定年度计划编制工作时间表，按时完成下年度计划的制定、汇总并逐级上报，于每年 11 月 15 日前报送至国信通汇总审核，国网信通部于 12 月 10 日前完成年度计划的审核和下达。

7.3 各级通信机构应制定月度计划编制工作时间表，按时完成下月度计划的制定、汇总并逐级上报，于每月 25 日前报送至国信通汇总审核，国网信通部于每月 28 日前完成月度计划的审核和下达。

7.4 涉及电网调度通信业务的通信检修，原则上应与电网检修同步实施。不能与电网检修同步实施，且涉及电网通信业务甚至影响电网调度通信业务的通信检修，应避开各级电网负荷高峰时段。"迎峰度夏(冬)"及重要"保电"期间原则上不安排通信检修。

7.5 电网检修、基建和技改等工作涉及通信设施或影响各级电网通信业务时，电网检修单位应至少提前 1 个月与通信机构会商，由通信机构上报月度检修计划；通信检修需电网配合的，应至少提前 1 个月与电网检修单位会商。

7.6 各级通信机构及检修申请、施工和配合单位应按照通信检修计划，提前落实组织措施、技术措施、安全措施等各项准备工作(包括备品备件、测试仪表、检修车辆等），确保通信检修按计划完成。

# 8　申请

8.1　检修发起单位应委托通信设备运行维护单位作为检修申请单位提出检修申请。两者可为同一单位；当两者为不同单位时，检修发起单位应将通信检修工作的原因、依据、性质、影响范围、工作内容、时间以及对通信系统的要求等通过通信检修通知单告知检修申请单位。

8.2　线路运维单位发起涉及通信光缆、电缆的检修工作时，线路运维单位应作为检修申请单位或联系同级通信机构作为检修申请单位提交通信检修申请，联系通信机构时应提供工作原因、内容、地点、时间、方案等书面材料。

8.3　电网检修、基建和技改等工作涉及通信设施时，应在电网检修申请单注明对通信设施的影响。

8.4　检修申请单位应针对每件检修工作分别填写通信检修申请票，并向所属通信调度提出检修申请。通信检修申请票应包括检修原因、时间、工作内容、设备类型、影响范围、申请人等项目，并特别注明继电保护及安全自动装置通道影响情况和此项检修工作的安全要求。

8.5　当检修申请单位与涉及检修的通信机构不同级时，应先进行相关的业务沟通，再填写并提交通信检修申请票。

8.6　大型检修作业应编制三措一案，并作为检修申请票的附件。

8.7　因通信检修工作需中断电网调度通信业务，通信检修申请票应进入相应电力调控中心电网设备检修系统流转，经电力调控中心相关专业会签。通信检修申请票中应明确提出所影响的电网调度通信业务的具体内容和有关措施要求，业务名称应采用调度命名和规范用语。当中断线路单套继电保护或安全自动装置通道时，其会签后的通信检修申请票可作为调度下令装置退出的依据，装置退出时间应以电力调度令为准。影响范围大、影响设备特别重要、工作时间跨度长的重大通信检修应提前与电力调控中心进行检修方案协商和交底。

8.8　涉及通信设施（含光、电缆）的电网检修工作应在电网检修申请单中填写所涉及的通信设施，经通信机构会签，并由相应通信机构办理通信检修申请。本级电网无通信机构的，应将电网检修申请单提交上级电力调控中心，再提交其同级通信机构会签。

8.9　计划检修应提前 5 个工作日提交通信检修申请票，于工作前 2 个工作日上午 9:00 前上报至最终检修审批单位；临时检修应提前 2 个工作日（节日期间临时检修应提前 3 个工作日）提交通信检修申请票，于工作前 1 个工作日上午 9:00 前上报至最终检修审批单位。重大检修或影响重要调度通信业务时应再提前 1 个工作日提交上报。影响电网调度通信业务的通信检修申请票应至少提前 1 个工作日提交电力调控中心会签。

8.10 影响下级电网通信业务的通信检修工作，通信调度应通过通信检修通知单告知下级通信机构有关情况，由下级通信机构组织相关业务部门办理会签程序。

8.11 当通信检修需要异地通信机构配合时，上级通信调度应向该通信机构发出通信检修通知单，明确工作内容和要求，由其开展相关工作。

## 9　审批

9.1 检修审批应按照通信调度管辖范围及下级服从上级的原则进行，以最高级通信调度批复为准。

9.2 通信调度负责受理通信检修申请，审核检修内容、检修时间、影响范围、安全要求等各项内容；通信机构负责审批、签发通信检修申请票。各级检修审核、审批时间原则上不超过 1 个工作日，未按规定时间提交上报的通信检修申请票原则上不予受理。

9.3 检修审批单位在受理、审核、审批、签发过程中如发现通信检修申请票的工作内容不符合要求，应退回申请，并重新填报。

9.4 当通信检修影响电网通信业务时，通信检修申请票经相关业务部门知会、核准或会签后由通信机构签发；不影响各级电网通信业务电路时，由通信机构直接签发。

9.5 当通信检修影响信息业务时，检修审批单位应将通信检修申请票提交相应信息专业会签，并根据会签意见和要求开展相关工作。

9.6 当通信检修影响电网调度通信业务时，检修审批单位应将通信检修申请票提交相应电力调控中心相关专业会签，并根据会签意见和要求开展相关工作。

9.7 当通信检修影响上级电网通信业务时，检修审批单位履行本级检修审批程序后，方可向上级通信调度提交，经上级通信机构批复后逐级下达通信检修申请票。

9.8 当通信检修影响下级电网通信业务时，本级通信调度应将批复后的通信检修申请票下达至下级通信机构。

9.9 当通信检修需要同时提交通信检修申请票和电网检修申请票时，两票均获批复后，方可实施通信检修工作。

9.10 各级通信调度应将批复后的通信检修申请票抄送本级相关业务部门。

## 10　开工、施工与竣工

10.1 通信检修开、竣工时间以通信检修申请票最终批复时间为准。

10.2 当检修施工单位确认具备开、竣工条件后，以电话方式向所属通信调度申请开、竣工。

10.3 通信调度依据已批复的通信检修申请票,根据电网及通信网运行情况,在满足开、竣工必备条件的情况下,以电话方式逐级下达开、竣工调度命令,各级通信调度及检修施工单位应严格执行上级通信调度命令。

10.4 通信检修开工必备条件:

a)现场确认相关组织、技术和安全措施到位;

b)依据通信检修申请票,填写现场工作票,现场开工许可办理完毕(在变电站检修必备);

c)相关通信调度确认电网通信业务保障措施已落实;

d)相关通信调度确认受影响的继电保护及安全自动装置业务已退出;

e)相关通信调度确认有关用户同意中断受影响的电网通信业务;

f)相关通信调度确认通信网运行中无其他影响本次检修的情况;

g)相关通信调度已逐级许可开工;

h)所属通信调度下达开工令。

10.5 通信检修竣工必备条件:

a)现场确认检修工作完成,通信设备运行状态正常;

b)相关通信调度确认检修所涉及电网通信业务恢复正常;

c)相关通信调度确认受影响的继电保护及安全自动装置业务恢复正常;

d)相关通信调度已逐级许可竣工;

e)所属通信调度下达竣工令;

f)现场工作票结票,办理现场竣工许可手续完毕(在变电站检修必备)。

10.6 变电站进行的通信检修工作,检修施工单位应填写现场工作票(变电站第二种工作票),电网运行维护单位应配合相关生产区域内的通信检修工作。独立通信站或中心机房进行的通信检修工作,检修施工单位应填写通信工作票,并履行审批程序,检修工作完成后应及时结票。

10.7 实施通信检修时,检修施工单位应向所属通信调度汇报工作进度,听从通信调度统一指挥;通信调度应监视通信网络情况,做好事故预想和应对措施,与相关通信调度、业务部门及检修施工单位保持联系。

10.8 通信检修施工过程中,如发现检修影响其他电网通信业务或一次系统运行的,检修施工单位应暂停或终止检修,并立即向所属通信调度上报。经协调、会商后,通信检修工作可按延期或改期处理。

10.9 当各级电网调度或所在生产区域一次系统因安全需要临时终止或暂缓通信检修时,各级通信调度及通信机构、检修施工单位应予以服从,相关检修工作可按延期或改期处理。

10.10 通信检修人员应在得到竣工令及所在生产区域管理人员许可后离开工作现场。

## 11 安全管理

11.1 通信检修工作应严格遵守国家电网安监〔2009〕664号和国家电网安监〔2011〕2024号的有关规定。

11.2 通信机构应对各类通信检修工作及检修运行方式进行运行风险评估，并实施相应预控措施。

11.3 通信检修工作应事先制定检修方案、安全措施、检修人员、检修时间和工作范围。

11.4 检修施工单位应严格执行DL/T408的各项要求，填开工作票、操作票，规范执行工作许可制度、工作监护制度，工作间断、转移和终结制度。

11.5 通信检修现场全体工作人员应执行检修工作相关技术和安全措施，注重现场安全，具备以下条件：

a) 熟知检修作业内容、时间；

b) 掌握检修作业安全措施要点、标准作业流程，作业过程中的危险点及控制措施；

c) 准备必要的仪器、仪表、备品和备件，作业需使用的图纸、手册、记录表格等资料；

d) 作业现场安全措施应正确完备，符合现场实际。

11.6 检修施工单位应按照批复确定的检修对象、范围、开竣工时间实施检修。

11.7 通信检修工作竣工后，检修施工单位应恢复各类预控措施。重大检修施工作业应及时对各类预控措施执行情况进行评估及总结。

11.8 通信标准化作业是电力生产标准化作业的组成部分，各级通信机构、电网运行维护单位应开展通信现场标准化作业，规范通信检修现场作业环节、作业步骤，细化作业流程，在关键环节及关键流程使用现场标准化作业文本，实现对检修作业过程危险点、关键环节以及关键流程的有效控制。

11.9 通信机构应按照"确保安全、遵循规范、跟踪反馈、持续改进、总结完善"的原则，遵照国家电网生〔2004〕503号的有关规定，组织通信检修作业文本编制，并进行统一管理。检修施工单位应严格按照标准化作业文本要求和步序开展工作。

11.10 标准化作业文本实施动态管理，各级通信机构应定期组织检查总结、评估、补充完善。

11.11 现场通信检修使用的标准化文本应具有唯一编号，并保存一年以上。

## 12 延期与改期

12.1 通信检修应严格按照批复时间进行。影响电网调度通信业务的检修延期和改期，应报电力调控中心同意。

12.2 因通信自身原因未能按时开、竣工，检修施工单位应向所属通信调度提出延期申请，经逐级申报、批准后，相关通信调度予以批复；因其他专业工作、恶劣天气等原因造成延期，检修施工单位应向所属通信调度报告，通信调度进行备案。通信检修申请票只能延期一次。

12.3 因通信自身原因开工延期，应在批复开工时间前 2 小时向所属通信调度提出申请，通信调度根据规定批准并进行备案。影响各级电网通信业务的开工延期时间不得超过 4 小时；影响各级电网调度通信业务的开工延期时间不得超过 2 小时。

12.4 因通信自身原因开工时间延期超过本规定要求，通信检修申请票自行废止，通信检修工作另行申请。

12.5 竣工延期应在批复竣工时间前 1 小时向所属通信调度提出申请，通信调度根据规定批准。不影响各级电网通信业务的竣工延期时间不得超过 8 小时；影响各级电网通信业务的竣工延期时间不得超过 6 小时；影响各级电网调度通信业务的竣工延期时间不得超过 4 小时。

12.6 如因通信自身原因竣工时间延期超过本规定要求，应在规定竣工时间前完成通信检修部分单项内容，同时做好相应的安全防护措施，确保电网通信业务及通信设备安全可靠运行，其他工作另行申请。

12.7 通信检修因通信自身原因改期，或因非通信自身原因造成改期超过 3 天的，原则上由通信调度退回申请单位重新申请；因非通信自身原因改期 3 天以内的，可原则上同意继续工作。

## 13 紧急检修

13.1 当通信调度发现需要立即进行检修的通信故障或接到此类故障报告后，应初步判断故障现象、影响范围，通知相关单位，立即组织紧急检修。

13.2 紧急检修由检修施工单位通过电话方式向所属通信调度提出开工申请，在得到批准并办理完现场开工许可手续后方可进行。

13.3 如紧急检修过程中需要配合，各级通信调度及相关单位应积极支持。

13.4 紧急检修过程中如确需中断电网调度通信业务的，应向相关电网调度当值调度员或自动化当值人员进行口头申请，批准后方可执行；如需对运行的继电保护或安全自动装置进行通道倒换或迂回的，应在其退出后方可执行。

13.5 故障排除、业务恢复后，检修施工单位通过电话方式向所属通信调度提出竣工申请，在得到批准并办理完现场竣工许可手续后方可离开。

13.6 紧急检修结束后，检修施工单位应及时将故障原因、处理结果、恢复时间等汇报所属通信调度。通信调度应确认通信业务恢复情况并通知相关电网调度、专业部门。

13.7 检修施工单位、通信调度及通信机构应在紧急检修完成后 48 小时内提交故障分析报告，并逐级上报，在 72 小时内提交至设备或业务所属通信机构，对于影响电网调度通信业务的，故障分析分析报告应报电力调控中心。故障分析报告内容包括故障原因、抢修过程、处理结果、恢复时间和防范措施等。

## 14  统计与考核

14.1  各级通信机构应对所辖范围内通信检修工作进行统计并纳入通信月报，统计指标如下：

a) 月度计划检修完成率=当月计划检修已执行项目数/当月计划检修的项目数×100%，非通信原因造成未执行的检修不计入统计；

b) 月度临时检修率=当月临时检修项目数/当月总检修项目数×100%，因电网临时检修、通信设备严重缺陷或上级通信机构临时安排检修工作引起的临时检修不计入统计；

c) 月度检修按时完成率=当月按批复时间完成的检修项目数/当月总检修项目数×100%，非通信原因造成未按时完成的检修不计入统计；

d) 通信检修申请票正确率=填写正确的通信检修申请票数/通信检修申请票总数×100%，非通信原因出现错误的通信检修申请票不计入统计。

14.2  紧急检修时，因继电保护或安全自动装置从跳闸状态退出操作所增加的处理时间，不计入继电保护或安全自动装置通道保障率统计。

14.3  各级通信机构应适时对通信检修工作成绩突出的直属单位或个人予以表彰。

14.4  因通信自身原因，发生下列情况之一者，按照相关规定记入考核，并根据情节和全年发生次数予以通报批评：

a) 未按规定制定并上报年、月度通信检修计划；

b) 未将影响电网通信业务的通信检修项目列入检修计划，导致通信检修计划内容不准确；

c) 未制订组织、技术及安全措施，导致通信检修工作实施过程中通信业务影响范围和程度扩大；

d) 未按通信检修申请票批复时间开工或竣工，且未按规定履行延期或改期手续；

e) 未按规定做好通信检修准备工作，导致通信检修内容或时间变更；

f) 由于通信检修工作质量原因，导致同一设备一年内检修 2 次以上；

g) 未按本规程规定时间报送或下达通信检修申请票、通信检修通知单、故障分析报告等；

h) 未履行本规程规定程序，擅自对通信设备进行检修，造成电网通信业务中断；

i) 在接到上级通信调度的通知后，未及时响应，造成故障处理延误或故障影响程度扩大。